자리의 지리학

자리의 지리학

이경한

푸른길

수정에게

책머리에

어릴 적,

서툰 글을 쓰곤 하였다.

그것은 소소한 것들에 관심을 갖게 했다.

어른이 되어,

어릴 적 글쓰기의 꿈이 불쑥 다시 찾아왔다.

그리고 나는 '지리 에세이'라는 장르의 글을 쓰고 있다.

지금 나는,

'자리'라는 관점으로

세상을 낯설게 그리고 친숙하게 바라보고 있다.

나의 독자이자 검열자인 아내 고은진에게 감사한다.

글을 읽는 수고를 감당하는 친구 양성욱, 이춘주에게 감사한다.

그리고 푸른길 편집부에게 감사드린다.

2018년 9월 전주에서

이경한

• 프롤로그 •

자리는 생활이다

우리의 일상생활과 함께하는 존재들은 필연적으로 자리를 가지고 있다. 사람이든 사물이든 자리를 뛰어넘어 존재하기란 불가능하다. 각자 자신의 분량만큼 자리를 차지하고서 일정한 역할과 기능을 한다. 하지만 자리가 아무 데나 존재하는 것은 아니다. 자리는 나름의 원리나 원칙을 가지고 일정 정도의 공간을 차지하고서 우리와 함께한다. 일상의 삶 속에서 만나는 자리를 살펴보는 것은 삶을 살아가는 데 지혜를 줄 것이다. 이런 자리의 특성과 이것이 삶에 미치는 영향을 살펴보는 것이 '자리의 지리학'이다.

사람이나 사물은 있어야 할 자리가 있다. 우리 집의 물건인 에어컨, 식탁, 책장, TV, 침대, 그림, 소파, 선풍기, 서랍장 등도 모두 일정한 자리를 차지하고 있다. 이를 더욱 미시적으로 보면, 서랍장 안의 물건, 책장 안의 책, 찬장 속의 식기, 신발장 안의 신발, 옷장 속의 옷도 주어진 자리가 있다. 또한, 세상을 놀라게 한 메르스(중동호흡기증후군) 감염자는 음압병실(陰壓病室)로 가야 한다. 결혼식을 하는 신랑 신부에게도 자신들이 서야 할 자리가 있고, 가족들이 밥을 먹을 때도 밥상에서의 자기 자리가 있다.

운동경기에도 자리가 있다. 잉글랜드의 프리미어리그, 스페인의 프리메라리그, 독일의 분데스리가, 대한민국의 K리그와 같은 축구경기에도 자리가 있다. 감독은 경기를 시작하기 전에 선수들이 있어야 할 자리, 즉 4-3-3, 3-4-3, 4-4-2 등의 공격과 수비의 포메이션을 정해서 작전을 짠다. 선수들이 자신의 자리에서 제 역할을 잘하면 경기가 잘 풀리지만, 자기 자리를 잡지 못하고 우왕좌왕하면 그 팀의 앞길은 뻔히 보인다. 야구에도 자리가 있다. 수비수는 야구장의 내야와 외야를 적정하게 배분하여 자신의 자리를 잡는다. 특정 선수가 타자로 나오면 수비수의 자리가 달라진다. 이를 야구용어로 시프트(shift)*를 건다고 말한다.

일상에서도 자리가 있다. 일찍 퇴근하면 늘 부족해 보이던 주차 공간이 나를 위해 자리를 내준다. 이런 경우 어느 자리에 자동차를 주차할 것

* 특정 타자의 타격 성향을 분석하여 그 타자의 타구가 통계상 가장 많이 날아가는 방향으로 수비수의 자리를 옮기는 것을 말한다.

인가 하며 행복한 선택을 한다. 당연히 우리 집의 출입구에서 가장 가깝고 편리한 주차 자리를 선택한다. 편의점의 상품도 자리가 있다. 주인은 가장 높은 이윤을 낼 수 있는 상품의 자리를 우선적으로 배치한다. 그래서 상품이 손님의 눈에 잘 띄도록 한다.

사건 사고에도 자리가 있다. 매일 뉴스에서 접하는 사건 사고는 발생한 자리가 있다. 영국 런던의 고층아파트 대형 화재, 프랑스 파리의 자살폭탄 테러, 일본 후쿠시마의 쓰나미(지진해일)와 원전 사고, 경북 성주의 사드 배치, 서울 광화문의 촛불시위 등 세계 곳곳의 뉴스는 사건 사고가 일어난 자리로 우리를 인도한다.

자리의 사전적 정의는 '사람이나 물체가 차지하고 있는, 일정한 넓이의 공간이나 장소', '여러 사람이 모여 일정한 일을 하는 곳', '일정한 공간 안에 사람이 앉을 수 있도록 의자 따위를 마련해 놓은 곳', '사람의 몸이나 물건 등에 어떤 일이 있었던 흔적이나 자국', '일정한 조직에서 사람이 차지하고 있는 직위나 직책', '일정한 자격을 갖춘 사람을 필요로 하는 곳'과 '누워서 잠을 자는 곳'이다. 또 다른 정의로는 '일정한 공간 안에 사람이 앉거나 눕도록 바닥에 펴거나 까는 직사각형의 물건', '잠을 잘 때 깔고 덮는 요와 이불을 통틀어 이르는 말'이 있다.

이런 정의로 보면, 자리는 '곳', '장소', '흔적', '위치', 그리고 '지위'와 '물건'을 의미한다. 자리는 지리학의 기초 개념인 입지(立地)나 위치(位置)의 우리말이라고 볼 수 있다. 그리고 자리는 position 또는 location으로서, 전자는 전체 중에서 차지하는 공간적 위치를, 후자는 지표면상의 점이나 면적을 의미한다. 여기서는 자리를 주로 곳과 위치의 의미로 사용하고자 한다.

자리로서 '곳'과 '위치'는 일정한 공간적 범위를 가진다. 곳은 보통 작은 장소를 의미한다. 지역보다 작은 의미를 가진다. 사람은 지표면에서 어느 한 위치를 차지하며 살아간다. 그 위치는 절대적인 위치와 상대적인 위치로 나누어진다. 절대적인 위치는 좌표체계인 경위선망과 같이 고정된 자리를 의미하고, 상대적인 위치는 비교를 통해서 정해지는 위치다. 상대적인 위치는 방향을 동반하기에 전후좌우가 존재한다. 그리고 그 방향에 따라서 위치의 의미가 달라지기도 한다.

자리는 다의적 의미를 지닌다. 자리의 의미는 사람마다 상황마다 다르다. 먼저 자리는 권력이다. 자리라고 모두 같은 자리가 아니다. 자리를 차지하기 위하여 저마다 경쟁을 한다. 자리에는 윗자리가 있고 아랫자리가 있다. 어른의 자리가 있고 아이의 자리가 있다. 권력을 가진 자리는 권위이다. 서울에 있는 대법원의 자리는 계단을 한참이나 걸어야 정문에 이를 수 있을 정도로 높은 곳에 있다. 이는 권위주의의 상징이다. 한편 자리는 배려이다. 지하철과 버스에는 노약자석이 있고 여기서는 노약자에게 자리를 양보한다. 사람들은 누군가에게 자리를 내주어 사회의 조화를 꾀하기도 한다.

자리는 질서가 되기도 한다. 제사상(祭祀床)의 홍동백서(紅東白西),

좌포우혜(左鮑右醯), 어동육서(魚東肉西), 풍수사상의 좌청룡(左靑龍) 우백호(右白虎)와 전주작(前朱雀) 후현무(後玄武), 거리의 우측통행(右側通行) 등도 자리를 담고 있다. 이처럼 자리를 지키는 것이 질서이다. 질서는 문화가 되기도 한다. 그리고 문화가 된 자리는 우리의 운신을 지배하기도 한다. 남자의 귀걸이 자리는 이성애자인지 동성애자인지를 상징한다. 귀걸이를 오른쪽에 하는 것은 동성애 문화이다. 때론 자리의 질서가 우리를 힘들게 할 때도 있다. 레스토랑의 식탁에 자리한 여러 물컵이나 빵 가운데 어느 것이 내 것인지 헷갈릴 때가 있다. 여기에도 좌측의 빵과 우측 물, 즉 좌빵 우물의 자리 배치가 있다.

자리는 돈이다. 자리에 따라서 지급하는 비용이 다르고, 자리에 따라서 돈을 버는 정도도 달라진다. 야구장과 오페라극장에서는 자릿값이 다르다. 비행기에서도 마찬가지다. 대한항공의 조현아 부사장은 비싼 자리에 앉았고, 그 자리는 권력이 되어 승무원들에게 다가왔다. 자리는 돈벌이가 되기도 한다. 자리는 누군가에게 자릿세를 내게 하기도 한다. 가게에는 실정법에 존재하지 않는 권리금이라는 형식의 자릿세가 있다. 목이 좋은 곳에 자리한 가게는 돈을 벌 확률이 높아서 기꺼이 자릿세를 지불할 가능성이 높다.

이렇듯 자리는 다양한 민낯을 하고 우리 주변에 존재한다. 사람들은 자리를 점유하고 살아간다. 그 자리에서 행세하며 산다. 어떤 사람들은 자릿값을 하며 살고, 또 어떤 사람들은 자릿값도 못하고 산다. 사람들은 그 자리에서 자기 역할을 수행한다. 일상에서 만나는 자리는 지위와 혼용되어 사용되기도 한다.

가족 구성원들도 각자 자리가 있다. 가족들이 식탁에서 앉는 자리가 정해져 있다. 가족 구성원들은 항상 자기 자리에 약속이나 한 듯 앉는다. 그렇게 우리는 가정에서 각자의 자리에 익숙해지고, 그 익숙함에 기대어 살아간다. 하지만 아이들이 성장하여 어른이 되면서 가정에서의 그 자리는 빈자리가 된다. 유학, 여행, 결혼 등의 이유로 가정에서 자리를 비운다. 사람은 든 자리보다 난 자리가 더 크게 허전한 법이다.

2015년 6월 하순, 우리 집에도 난 자리가 생겼다. 아들이 공군에 입대했기 때문이다. 아들이 가정에서 늘 차지하던 자리가 비었다. 그 빈자리로 마음이 먹먹하였다. 아들은 머리를 빡빡 밀고서 홀연히 군대에 입대하였다. 입영 전날, 잠시 자리를 비우는 아들에게 아비로서 편지를 써 주었다. 아비의 마음을 담아 아들에게 전해 준 편지를 소개하는 것으로부터 '자리의 지리학'에 관한 이야기를 시작하고자 한다.

* * *

사랑하는 아들에게

아들이 태어나서 엄마와 아빠에게 기쁨을 준 지가 엊그제 같은데, 어느덧 건장하고 아름다운 청년으로 자라 주어서 고맙단다. 유년기와 청소년기를 별 탈 없이 보내고 자신의 일을 스스로 할 수 있는 귀한 자녀로

성장하여 준 것을 늘 뿌듯하게 생각한다. 특히 타인과의 조화로운 삶을 살아가는 너의 모습은 참으로 우리를 기쁘게 한단다. 사회 속의 자아를 찾아가는 너의 모습 속에서 너의 성장을 확인하곤 한다. 그리고 자아 속의 자기 정체성을 찾아가는 여정을 스스로 펼쳐 가는 너의 모습을 가슴 졸이면서도 뿌듯한 마음으로 지켜보고 있다. 이렇듯 한 개인으로서, 인생의 주체로서, 사회 구성체로서 다중적인 능력을 찾아가는 너의 모습을 보는 것만으로도 행복하단다.

아들이 삶의 여정에서 중요한 시기인 대학 시절에 군대라는 또 다른 삶을 경험하는구나. 분단된 조국에서 살아가는 실존자로서 아들이 피치 못하고 겪어야 할 산이라는 것을 이제야 실감하는구나. 너의 의지와 무관하게 국가라는 공동체가 아들의 삶을 통제함을 체감한다. 너의 다음 세대에서는 통일 한국이 되어 이런 힘든 일을 감내하지 않길 바란다. 분단국가에서 피할 수 없는 군대라는 곳으로 아들을 보내는 마음은 기쁘면서 슬픈 양가의 감정이다. 단절된 그곳에서 육체적 그리고 정신적인 고통을 감내할 아들을 생각하면 가슴이 아프고 슬픈 감정이 파고든다. 아들을 키우면서 한 번도 경험하지 않은 바여서 더욱 마음이 아프단다.

하지만 대한민국의 건장한 남아로, 그리고 아름다운 청년으로 성장하여 기꺼이 군대의 과정을 수행할 너를 생각하면 기쁘단다. 엄격한 규율의 사회지만, 그 한계를 극복하고 더욱 멋진 모습으로 변신할 아들을 생각하는 것만으로도 기쁘기 그지없단다. 부모는 늘 이런 두 마음을 가지고 산다. 할아버지와 할머니께서 엄마와 아빠에게 하셨던 것처럼.

인생의 중요한 시기에 군대의 부름을 받은 아들이 건강하게 복무를 잘 마치고 오길 기도하고 바란다. 너의 군대 생활 기간 동안, 엄마와 아빠는 늘 기도로 함께할 것이다. 하나님의 거룩하신 보살핌에 의지하여 적극적으로 생활해 주길 바란다. 2년의 시간이 짧지는 않다. 하지만 군대를 너의 비전과 꿈을 풀어 가는 삶과 단절된 시기로 여기지는 말길 바란다. 너의 인생에서 소중하지 않은 시간은 한시도 없기 때문이다. '피할 수 없으면 즐겨라'라는 말과 같이, 너의 삶에서 소중한 시간으로 만들기 바란다. 또 다른 환경인 군대에서 더불어 사는 지혜를 배우고, 나를 찾아가고 꿈을 풀어 가는 계기로 만들길 바란다. 너의 몸과 마음과 머리를 더욱 튼튼하고 맑고 빛나게 가꾸길 바란다. 그 노정에서 운동하고 대화하고 틈을 내어 많은 책을 읽고 공부하길 바란다. 그래서 아들이 상서로운 활시위를 세상에 당기는 아름다운 청년이 되길 기도한다.

군대 기간에 하나님께서 아들을 눈동자같이 지켜 주실 것이다. 날마다 주님이 주시는 은총을 체험하길 바란다. 낯선 곳으로의 긴 여행에 주님이 동행하신다. 멋지고 아름다운 여행이 되길 소망한다.

아들의 입대를 앞둔 날에 아빠가

• 차 례 •

제3장 자리로 보는 생활문화

제4장 자리로 보는 울퉁불퉁한 세상

제1장

자리, 뒤집어 낯설게 바라보기

자리: 공간성과 시간성의 조합

자리는 항상 그곳에 있다. 시간이 지나도 세월을 이기며 그곳에 있다. 시장, 상가, 공원, 기차역도 그 자리에 있다. 자리는 그곳에서 자신의 기능과 역할을 수행하며 존재한다. 자리는 시공간성(時空間性)을 동시에 가진다. 자리는 공간성과 시간성 두 요소가 조합을 이루어 그 특성이 살아난다. 공간성과 시간성의 선후를 굳이 따지자면 공간성이 시간성보다 우선이다. 성서의 창세기 1장 1절에서 야훼는 "태초에 하나님이 천지를 창조하시니라"고 말한다. '천지'는 하늘과 땅이고, 곧 공간성의 출발이다. 하늘과 땅이 맨 처음 생겨난 때인 '태초'는 우리의 시간성을 이야기한다. 창세기 1장 5절에서는 "빛을 낮이라 칭하시고 어두움을 밤이라 칭하시니라. 저녁이 되며 아침이 되니 이는 첫째 날이니라"고 말한다. 이는 야훼의 시간성을 구체적으로 표현한 것이다. 천지가 만들어지고 인간의 구체적인 시간이 비롯된다.

자리는 공간성을 지닌다. 자리는 어떤 현상이 존재할 수 있고 어떤 사건이 일어날 수 있는 기초, 즉 토대이다. 이 토대가 공간(空間)인 것이다. 공간은 3차원의 세계여서 수평적 조직과 수직적 조직으로 구성되어 있다. 자리의 공간은 수평적으로 일정한 면(面)을, 그리고 수직적으로 일정한 적(積)을 차지한다. 면적의 크기에 따라서 자리가 차지하는 정도가 달라진다. 자리는 일정한 면적을 차지함으로써 가시적 현상으로 나타나는데, 이를 경관(landscape)이라고 한다.

자리는 보통 물리적 경관으로 존재한다. 우리가 살아가면서 흔하게 볼 수 있는 건물, 도로, 나무와 숲, 벽화, 가게, 화분 등이 물리적 경관을 지배한다. 자리는 그 위에 어떤 경관이 들어서는가에 따라서 그 가치가 달라진다. 멋진 카페, 고즈넉한 한옥, 좁은 골목길, 달콤한 아이스크림 가게, 오래된 책방, 높은 빌딩, 넓은 광장, 작은 소극장, 허름한 가게 등의 경관과 어울리면서 자리는 그 값이 결정된다. 본디 공간으로서의 자리는 동질성을 가지고 출발하지만, 그 용도에 따라서 자리의 본질도 달라진다.

자리의 원초적 공간은 자연이다. 야훼가 태초에 천지를 창조하고, 낮과 밤, 하늘, 바다, 나무, 생물 등을 창조하였다. 마지막으로 인간을 창조하였다. 인간은 자연 속에서 창조된 존재이다. 세상 모든 자리의 원초적 주인은 자연이다. 사람들은 그 자리에 다양한 경관을 만들어 놓았다. 인류의 역사는 태초의 천지자연을 변형시키고 축소해 오는 과정이라고 해도 과언이 아니다. 역으로 인간은 원초적 공간인 자연으로의 회귀본능을 지니고 있다. 인간은 자연에서 모태의 양수처럼 편안함을 느낀다. 멋진 자연경관이 있는 자리는 사람들에게 원초적 편안함을 주면서 자릿값을 한다. 예를 들어, 공기 맑은 어느 산, 메타세쿼이아 가로수길, 바람 부는 언덕, 포말이 부서지는 바다, 금빛 모래사장, 마을 숲 등을 지닌 자리는 피로사회에서 경쟁하느라 지친 사람들에게 쉼을 줄 수 있다. 사람들은 거대한 빌딩 숲, 삭막한 아파트 등의 인공경관으로부터 떠나 쉼이 있는 삶을 찾으러 아름다운 풍광의 자리를 찾는다. 하지만 때론 경관 좋은 자리에 염치없이 자본을 들이대 카페나 음식점 등을 세움으로써, 누구나 즐길 수 있는 경관을 독식하며 경관 조망의 원초적 권리를 훔쳐 가는 경우도 있다.

전망 좋은 곳은 자리의 공간성을 잘 보여 준다. 높은 곳에서는 세상의 자리 위에 존재하는 것들을 한눈에 볼 수 있다. 시선을 최소한으로 제약받으면서 넓은 시야로 주변의 풍광과 세상의 현상을 한꺼번에 보는 재미가 있다. 그래서 사람들은 전망 좋은 자리를 선호한다. 높은 곳의 루프톱(roof top), 즉 지붕 꼭대기가 바로 그런 자리이다. 지붕 꼭대기는 특히 해가 지기 시작하면 인기가 높아진다. 지붕 아래 펼쳐진 풍경을 한눈에 볼 수 있기 때문이다. 그곳에서는 하늘 아래 수평과 수직으로 펼쳐진 현상을 독점적으로 볼 수 있다. 이런 자리에서는 맛있는 음식, 향이 진한 커피, 시원한 맥주, 그리고 사랑하는 사람과 함께하면 더욱 좋다. 거기에 창까지 넓으면 금상첨화다.

자리는 마음의 경관이 머무는 곳이다. 물리적 경관을 넘어서 마음으로 보는 기억 공간이다. 이는 자리를 경험하는 주체가 자리에 대해서 주관적으로 느끼고 기억하는 정신적 측면이다. 자리는 모든 사람에게 똑같이 기억을 준다는 점에서 절대적이다. 반면에 자리의 '기억'은 사람마다 다르고 주관적이다. 자리는 경험과 관련된 기억이 떠오르게 하는 곳이다. 자신이 태어난 집, 성장기를 보낸 곳, 첫사랑을 만난 자리, 데이트를 즐기던 자리, 친구들의 은밀한 아지트 등은 개인의 기억과 관련이 깊은 자리다. 이런 자리는 저마다의 마음이 머무는 자리이다. 그곳에 마음의 의미부여라는 기제가 작동하면 평범한 자리도 뜻깊고 기억해야 할 자리가 된다. 일생을 살아가면서 날마다 이런 자리를 만들고 있는지도 모른다.

세월과 함께 우리의 기억구조도 약해져서 자리에 대한 기억이 희미해지기도 한다. 매일 새로운 자리를 기억하면서 또 다른 자리는 잊으며 살아간다. 그러나 사람은 원초적인 마음의 자리는 최후까지 기억한다. 치매 환자의 경우 안타깝게도 자신의 기억을 잃어 가지만, 최근의 기억부터 머릿속에서 잊어 가면서 어릴 적 기억을 가장 늦게까지 기억한다. 그가 가장 늦게까지 붙들고 있는 기억은 수구초심의 자리인 가족, 고향 등이다.

다음으로 자리는 시간성을 지니고 있다. 공간을 가진 자리는 시간의 축과 함께 과거에서 현재로 다시 미래로 이어진다. 자리는 시간과 함께 콘텐츠를 담아낸다. 자리는 지나온 세월의 흔적과 의미를 담아낸다. 그래서 자리는 역사가 된다. 자리는 시간이 흐르면서 변화한다. 지금도 자리는 변화하며, 오늘의 변화는 내일의 변화를 예측해 주며, 그리고 과거의 기억을 남겨 준다. 즉, 자리는 시대적 상황과 사회적 여건에 따라서 흥망성쇠(興亡盛衰)한다. 다음 사례는 자리의 공간성과 시간성을 동시에 보여 주기에 적절하다. 청담동 명품거리는 공간적 특성과 함께 이 장소가 시간에 따라서 어떻게 변화되었는지를 잘 보여 준다.

길 건너엔 현대백화점 압구정 본점이 들어섰고, 우측에는 청담동 명품거리가 조성된 이곳은 이른바 '패피'(패션 피플)들의 메카였다. 명동의 유명 디자이너부터 동대문 옷가게 사장들까지 그 시절 '옷 좀 안다'는 이들이 집결했다. 상점의 70%는 옷가게였고, 유행을 끌고 쫓는 젊은이들이 모여들었다. 이들을 겨냥한 고급 카페와 레스토랑도 차례로 문을 열었다. 88년 맥도날도 1호점과 한국 최초의 원두커피 전문점 '쟈뎅'이 처음 자리를 잡은 곳도 로데오 거리였다. (중략) 이렇듯 '잘나가던' 로데오 거리의 황금기는 10년 전부터 꺾이기 시작했다. 97년 외환위기 사태를 기점으로 소비심리가 위축됐고, 인터넷 사용이 본격화되면서 '가성비' 좋은 쇼핑몰이 대거 등장했다. 기존 옷가게 주인도 높은 임대료를 내며 버티는 대신 그 무렵 새로 뜨기 시작한 '가로수길', '이태원', '홍대' 등으로 자리를 옮겼다. 자연스레 주변 식당이나 카페의 매출도 줄었다.

-중앙일보 2017년 6월 19일

자리는 연대기적 변화를 한다. 우리 인간이 생애주기에 따라서 변화하듯 자리도 그렇다. 자리는 주로 사회경제적 인자 때문에 변화한다. 전통산업사회, 산업사회, 후기 산업사회 등의 사회경제적 패러다임의 변화가 자리의 변화에 큰 영향을 미친다. 사회경제적 변화에서 뒤처지면 자리의 기능도 약화된다.

자리는 시간과 공간을 담아서 사람들의 삶을 담아내는 그릇이 된다. 즉, 자리는 공간성과 시간성을 결합하여 로컬리티(locality)로 존재한다. 사람들의 삶이 일어나는 자리인 로컬리티로 구체화된다. 여기서 자리는

challs69ⓒ한겨레 사진마을 열린사진가

구도시의 유언

서울 DDP의 동대문 야구장 역사경관

로컬리티의 중요한 인자이자 로컬리티를 구체적으로 나타내 주는 현상으로 기능한다. 우리의 삶은 자리의 공간성과 시간성 위에서 구체적인 생활양식으로 나타난다. 자리가 가진 로컬리티는 자리마다 개성을 창출한다.

자리는 구심력(求心力)과 원심력(遠心力)을 가지고 있다. 사람들이 선호하는 자리에는 구심력이 발생하여 더 많은 사람과 돈이 몰려든다. 구심력이 발생하는 자리는 자리의 밀집도가 높아지면서 집약적 토지이용이 일어난다. 그 결과, 이 자리에서는 건물이 높아지고, 임대료도 비싸지고, 사람들이 북적거린다. 반면에 혐오하는 자리는 원심력이 발생한다. 사람들이 자리를 떠나고 건물의 공실이 많아지고 임대료도 낮아지며 거리는 한산해진다. 이런 자리는 쇠퇴하는 곳이다. 자리는 원심력과 원심력의 동인에 의해서 서로 공간을 점유하고자 자리다툼을 한다. 자리는 하나만 존재하는 것은 아니어서, 다른 자리와 끊임없이 경쟁하며 살아야 한다. 자리는 자신의 주도권을 놓치지 않기 위하여 부단한 힘 겨루기를 한다. 자리다툼에서 성공하면 자리는 자리로서 순기능을 가속화해 간다. 자리다툼에서 밀리면 자리는 기능을 상실하게 된다.

자리는 절대 우위보다는 비교 우위의 지배를 많이 받는다. 자리의 지배 여부는 상대적으로 좋은 입지를 가지고 있느냐에 달려 있다. 비교 우위의 자리는 구심력이 작용하여 상대적으로 좋은 자리가 될 가능성이 높다. 반면 비교 열위의 자리도 있는데, 사람들이 혐오하는 자리가 그것이다. 환경오염이 심한 곳, 가축 분뇨 냄새가 날아오는 곳, 쓰레기 처리장이 있는 곳, 보기 싫은 사람이 사는 곳, 군부대나 화장장이 있는 곳 등이 그런 자리다. 비교 우위와 비교 열위를 가진 자리 중 어느 곳을 선택할 것인가는 인지상정이다. 그러나 비교 우위나 비교 열위의 자리가 영구한 것은 아니다. 자리는 시간성을 가지고 있기 때문이다. 진자리가 마른자리가 될 수도 있다. 자리의 신세도 긴 시간의 축으로 보면 새옹지마이다. 자리는 영구적일 수 없고 계속 변화한다.

시공간성의 결합체인 자리는 지금도 변화하고 있다. 그 변화를 읽는 사람이 자리를 지배한다. 보통 자본주의사회에서는 돈이 되는 자리를 지배하고 싶어 한다. 하지만 사람들은 자본의 논리에서 벗어나 자기만족을 주는 자리를 선호하기도 한다. 깊은 산골, 한적한 농촌, 고립된 장소, 불편한 곳, 그림 같은 풍광을 가진 자리를 선호하는 것이다. 그래서 자리를 지배하는 것은 우리의 마음이다. 자신의 마음을 다스리고, 마음에 들고, 마음 가는 자리를 선호한다. 지금 어느 자리를 차지하고 싶은지 자신에게 물어 보자.

자리: 상징을 가시적으로 재현한 대상

자리는 사람들이 만든 상징이 투영되는 곳이다. 사람들은 일정한 의미와 가치를 부여하여 상징을 만든다. 그리고 그 상징을 우리가 살아가는 자리에 구체적으로 재현하고 그것을 지키며 살아가고자 한다. 상징은 사람들의 오랜 경험을 토대로 만들어진다. 상징에는 전통, 가치, 도덕, 상식 등이 반영되어 있고, 때로는 사람들의 소망 또는 미래의 불확실성에 대한 불안 등도 담겨 있다. 우리는 사람들의 가치 등을 반영한 상징 혹은 상징체계를 이 땅에 재현하여 그 상징이 주는 의미를 실천하고자 한다. 이런 측면에서 자리는 상징을 재현하고자 하는 자의 대상이자 수단이다. 그리고 자리는 상징 혹은 상징체계를 담은 텍스트이다. 그래서 자리와 상징 그리고 재현은 밀접한 관계가 있다.

우리가 자주 접하는 풍수지리에서도 상징과 자리를 찾아볼 수 있다. 풍수지리의 좌청룡 우백호, 배산임수, 명당, 혈처 등은 자리이다. 이때의 자리는 위치와 방향이다. 풍수지리는 사람들의 가치체계를 담은 이상적인 자리를 찾아 재현하는 행위라고 볼 수 있다. '풍수는 우리 조상들이 오랫동안 쌓아 온 땅에 대한 깨달음과 자연에 대한 세심한 통찰력을 바탕으로 만든 삶의 지혜이다. 풍수는 기(氣)라는 우주적 환경의 흐름에 따르면서 지리, 기후 등의 환경 요인과 인간의 거주 환경을 어떻게 조화롭게 할 것인가에 관심을 둔다.'(최창조, 2009, 28).

여기서 삶의 지혜는 나타내고자 하는 관념(사상)이고, 이를 구체적으로 재현하는 자리가 명당이다. 좌청룡 우백호는 그 명당자리를 재현하기 위한 조건이다. 그 조건을 갖춘 땅을 풍수지리의 이상을 담은 자리로 볼 수 있다. 그래서 풍수지리는 사람들이 경험을 통해서 얻은 통찰력을 바탕으로 이상적인 땅을 설정해 두고, 이를 우리가 사는 땅에서 찾아 재현하려는 노력을 보여 주는 사고체계다. 하지만 우리는 명당자리라는 모식도(模式圖)를 가지고서 그 모식도에 맞는 명당을 찾으려는 우를 범하기도 한다.

유교의 전통을 담은 향교나 사당에도 상징적인 자리가 있다. 사람들은 사당의 출입문에도 의미를 부여하여, 산 자와 죽은 자가 출입하는 문을 서로 다르게 구분한다. 이런 구분은 산 자가 죽은 자에 대한 예우를 표하는 상징이자 의식이다. 산 자는 죽은 자가 존재했기 때문에 현재 있을 수 있는 사람들이기에 죽은 자에게 가장 높은 예의를 갖추어 표한다. 사람들은 경의를 표하는 상징을 예의와 효와 존경심의 척도로 등치시킨다.

또한, 이런 상징은 그 사회의 질서를 낳는다. 그 결과, 산 자와 죽은 자, 어른과 아이, 남자와 여자 등으로 구분하는 봉건주의 사회가 지속된다. 예를 들어, '사당 동쪽 섬돌을 조계(阼階)라고 한다. 이 조계는 오직 주인

명당에 자리 잡은 어느 선산의 모습

(즉 제사를 주장하는 사람)만이 오르내릴 때 경유한다. 주인의 아내와 그 밖의 다른 사람들은 비록 나이가 많더라도 모두 반드시 서쪽 섬돌을 경유한다'(이이, 이민수 역, 2014, 197-198)라는 식의 사회윤리를 사회구성원에게 요구한다.

또한 죽은 자의 자리에도 순위를 정하여 그 순서를 지키도록 한다. 우리가 바라보는 쪽에서 자리의 순서를 정하는 것이 아니라, 조상이 우리를 바라보는 쪽에서부터 정한다. 오른쪽에서 왼쪽으로 가면서 죽은 자의 서열이 낮아진다. 그런 면에서 오른쪽 자리는 왼쪽 자리보다 더 큰 권력을 가진다. 하지만 우리는 자신을 중심으로 해서 바라보기에 오류를 범하기도 한다. 풍수지리에서 좌청룡 우백호가 그 대표적인 사례이다. 이것 또한 우리가 좌측과 우측을 결정하는 것이 아니라, 명당을 중심으로 결정한다. 그래서 좌청룡은 우리가 보기에 오른쪽에 있고, 우백호는 왼쪽에 있다.

자리는 서열을 상징한다. 우리가 정한 자리에 상징과 의미를 부여하는 경우, 자리는 단순한 자리가 아니라 존중해야 할 자리가 된다. 권위를 부여받은 자리를 존중하지 않으면, 그것은 곧 조상을 업신여기는 패륜을 범하는 일이 되고, 조상이나 윗사람도 몰라보는 무례한 자가 되고 만다. 그렇기에 조상에게 예의를 표하는 방식에도 일정한 절차를 마련하여, 그 상징을 강화한다.

이이(李珥)는 『격몽요결』에서 '모두 제사 지내는 곳으로 나아가서 손을 씻고 과실 접시를 신위 순서대로 그 탁자 남쪽 끝에 놓는다. 다음으로 포·나물·간장·식혜·김치 등 접시를 그 북쪽에 늘어놓는다. 또한 잔반·시접·초나물을 탁자 북쪽 끝에 늘어놓는다. 이때 잔반은 가운데 놓고 시접은 서쪽에 놓고 초나물은 동쪽에 놓는다. 또 현주병(玄酒甁)*과 술병 하나씩을 각각 시렁 위에 마련한다(현주는 서쪽에, 술병은 동쪽에 둔다)'(이이, 이민수 역, 2014, 209-210)고 제시하여 상징을 담은 질서에 권위를 부여했다.

상징은 작은 일상, 즉 제사상에서 과실 등의 음식 자리를 정하는 데도 영향을 주었다. 흔히 말하는 조율이시(棗栗梨柿), 두동미서(頭東尾西)가 그것이다. 동, 서, 좌, 우는 북쪽을 중심으로 한 상대적인 자리이자 상을 차리는 원리이다. 예를 들어, 조율이시는 왼쪽부터 대추, 밤, 배, 감을 놓는 자리의 순서이다. 우리가 흔히 '남의 제사상에 감 놔라, 배 놔라 한다'라는 말도 여기서 나온 것이다. 남의 일에 참견하는 행위의 비유이지만, 자리를 정하는 데 사람마다 약간 생각이 다를 수 있음을 보여 준다.

---

* 제사를 지낼 때 술 대신에 쓰는 맑은 찬물을 말한다.

그리고 제사상의 동은 양을, 서는 음을 상징하며, 과실 등의 자리 배치는 음과 양의 조화를 꾀한다.

사람들이 삶을 위한 자리를 잡는 데도 일정한 원리가 있다. 이중환은 『택리지(擇里志)』에서 사람들이 살 만한 곳, 즉 가거지(可居地)의 조건을 제시하였다. 그는 우리가 살고 싶은 이상향인 유토피아의 조건을 다음과 같이 보여 주고 있다.

> 삶터를 잡는 데는 첫째 지리(地理)가 좋아야 하고, 다음 생리(生利)가 좋아야 하며, 다음으로 인심(人心)이 좋아야하고, 다음은 아름다운 산과 물이 있어야 한다. 이 네 가지에서 하나라도 모자라면 살기 좋은 땅이 아니다. 그런데 지리는 비록 좋아도 생리가 모자라면 오래 살 곳이 못 되고, 생리는 비록 좋더라도 지리가 나쁘면 또한 오래 살 곳이 못 된다. 지리와 생리가 함께 좋으나 인심이 착하지 않으면 반드시 후회할 일이 있게 되고, 가까운 곳에 소풍(消風)할 만한 산수가 없으면 정서(情緖)를 화창하게 하지 못한다.
>
> -이중환, 이익성 역, 『택리지』, 「복거총론」, 161

우리는 살 만한 곳의 일정한 기준을 상징적으로 정해 놓고 여기에 합당한 자리를 찾고 싶어 한다. 이상향을 이 땅에서 재현하려 한다. 하지만 현실적으로 모든 조건을 갖춘 이상향의 자리를 찾기는 어렵다. 아마도 이상향을 찾을 수 없기에, 아직도 이것이 우리의 마음을 사로잡고 있는지도 모르겠다.

우리 스스로 이상향을 실현하는 방법은 이상향의 조건을 수정하는 것이다. 타자(他者)가 만든 조건에 얽매여 스스로 상징에 지배당하며 사는 것보다는 조건을 스스로 만들어 상징에서 벗어나는 것이 더욱 현실 가능한 재현의 방법일 것이다. 타자가 만든 전통적 상징에서 벗어나기 위해서는 자신이 주류사회로부터 벗어나 소수자가 되어야 하고, 정통의 굴레에서 벗어나 이단아가 되어야 하고, 기꺼이 해체주의자가 되어야 한다. 그럴 때만이 우리는 상징의 지배에서 자유로울 수 있다. 그리고 자리의 상징 안에 숨어 있는 지배 권력의 이데올로기를 읽어 내고, 다시 그 권력의 상징에 저항하여 고정관념을 해체하고, 이를 새롭게 조명하는 자가 되어야 한다.

사람들은 사고를 반영하여 상징을 만들고, 그 상징이 사람들의 구체적인 삶에서 자리로 재현되어 다시 사람들의 삶과 사고를 지배·구속하는 경향이 있다. 그 결과, 사람은 자신이 만든 상징의 포로가 된다. 이렇듯 한 번 만들어진 상징은 그 자체로 힘이 되어 사람들을 오랫동안 지배할 수 있다. 그 상징을 반영한 자리도 사람들의 삶에 큰 영향을 준다. 어떤 사람들은 상징의 구속으로부터 자유롭기 위하여 스스로 상징에서 벗어나 해체의 길을 걷기도 한다. 그러면서 사람들은 또 하나의 상징을 만들어 자리라는 이름으로 재현하고 있는지도 모르겠다.

날마다 나를 둘러싸고 있는 자리에서 드러나는 상징을 보다 적극적으로 해석하여 주어진 조건에서라도 나 자신을 자유롭게 하고 싶다. 하지만 어떤 사람들은 상징과 상징이 재현된 자리가 주는 편안함을 좋아할 수도 있다. 전체 속의 일원으로서, 그리고 상징에 적응하는 존재로서 살아가는 것을 선호할 수도 있다. 고독한 군중으로서의 자신에서 벗어나기 위하여 상징 혹은 상징의 자리가 주는 구속을 원할 수도 있다. 상징의 자리 혹은 자리의 상징을 지배할 것인가? 아니면 지배를 당할 것인가? 갑자기 김종서의 '아름다운 구속'이 떠오르는 것은 왜일까?

오늘 하루 행복하길
언제나 아침에 눈뜨면 기도를 하게 돼
달아날까 두려운 행복 앞에
널 만난 건 행운이야
휴일에 해야 할 일들이 내게도 생겼어
약속하고 만나고 헤어지고
조금씩 집 앞에서
널 들여보내기가 힘겨워지는 나를 어떡해
처음이야 내가 드디어 내가
사랑에 난 빠져 버렸어
혼자인 게 좋아 나를 사랑했던 나에게
또 다른 내가 온 거야
아름다운 구속인 걸
사랑은 얼마나 사람을 변하게 하는지
살아있는 오늘이 아름다워

자리: 질서라는 이름으로 합리화한 구별짓기 행위

우리의 일상에는 다양한 자리가 있다. 높은 자리와 낮은 자리가 있고, 좋아하는 자리가 있으면 싫어하는 자리도 있다. 자리에는 서열이 존재한다. 자리의 서열과 관련된 대표적인 문구에는 '업무에 실패한 공무원은 용서할 수 있어도, 의전에 실패한 공무원은 용서할 수 없다'는 말이 있다. 다음은 의전 서열과 관련된 사례이다.

> 지난 5월 21일 청와대에서 열린 재외공관장 만찬에서 박근혜 대통령의 옆에는 권영세 주중 대사가 앉았다. 통상 주미 대사가 차지하던 자리였다. 대통령의 옆자리가 재외공관장 중 '서열 1위'를 뜻한다는 점에서 4강 외교의 순위가 바뀌어 박 대통령의 '중국 중시 외교'로 이어질지에 관심이 쏠리기도 했다.
>
> -서울신문 2013년 9월 7일

의전에서 자리는 일종의 서열에 따른 배치이다. 앉는 자리에도 나름의 서열이라는 질서가 있다는 의미이다. 의전 서열은 권력의 높낮이를 정하는 기준이다. 국가 의전에서는 자리 배치가 국가의 서열이나 국가 간의 친소 정도를 의미한다. 자리 배치는 권력 서열, 즉 힘의 순서이다. 자리 서열은 상위 권력자를 중심으로 한 권력의 먹이사슬이다. 상명하복의 사회에서는 의전 서열이 상하관계의 질서를 지켜 주는 미덕임을 보여준다.

자리는 사회의 일정한 규칙, 즉 지배질서를 반영한 결과이다. 지배질서는 사회적 합의라는 이름으로 기득권자가 만들었을 확률이 높다. 기득권자와 그 여집합인 사람들은 지배질서에 순응하도록 요구받는다. 우리를 지배질서에 순응하도록 하는 사회화는 관습과 제도라는 명분으로 우리의 삶을 구속한다. 질서의 자리에서 벗어나는 행위는 일탈로 규정하고 국가사회라는 이름으로 제재를 가한다. 특히 사회경제적인 측면의 사회화는 그 사회의 주류문화에 적응하는 데 영향을 미친다. 사회구성원은 이런 사회화를 통하여 지배사회의 문화 분위기에 익숙해진다.

사회화 과정에서 몸에 밴 질서가 주는 편안함은 사회구성원의 습관이 되고, 이것은 이 습관을 지니지 못한 타인과 구별하게 만드는 동인이 된다. 습관은 아비투스(habitus)*로서, 나의 아비투스는 타인의 아비투스와 대비가 된다. 아비투스의 차이는 상호 간의 문화적 이질감을 낳는다.

어떤 문화의 아비투스에 익숙한 사람은 그 문화의 아비투스에 익숙하지 않은 사람을 밀어내는 경향을 보인다. 이질적 아비투스를 가진 사람

* 사회집단의 습성을 일컫는 말로서, 사회학자 부르디외가 사용한 개념이다.

들은 서로 섞이기보다는 상호 간에 원심력이 발생한다. 그 결과 문화에 익숙하지 않은 아비투스를 지닌 사람은 스스로 위축되어 주류사회에서 뒤처진다. 지배계층의 몸에 밴 습관은 지배사회 구성원에 더없이 익숙한 편안함을 주는 반면 다른 구성원에게는 몸에 맞지 않은 불편함을 줄 수 있다. 그래서 한 집단의 아비투스가 주는 편안함은 타인에게 심리적 불안과 문화적 불편함 등을 주는 상징폭력**으로 변신하여 다가갈 수도 있다.

해외여행을 할 때, 아비투스의 차이를 경험한다. 외국의 식당에서 자리를 잡을 때 습관의 차이로 불편함을 경험하곤 한다. 외국이나 서양식 레스토랑을 방문할 때는 종업원이 앉을 자리를 안내해 준다. 예약하지 않을 경우에는 빈자리가 생길 때까지 입구에서 기다리기도 한다. 하지만 여유 자리가 있을 때도 종업원의 안내를 받아서 자리를 잡는다. 우리는 보통 식당에서 내가 빈자리를 찾아 바로 앉지만, 외국 레스토랑에서는 자리를 안내 받을 때까지 기다려야 하는 것이다, 입구에 'Please, Wait to be seated'라는 문구가 안내판에 적혀 있다. 이렇듯 음식점의 자리를 잡는 데도 내 마음대로 앉지 못하는 문화를 경험한다.

이런 일은 고급 식당일수록 더욱 엄격하게 지켜진다. 그러나 종업원은 자신이 가진 아비투스로 인하여 타자에 편견을 가질 수 있다. 그 편견은 손님의 자리를 안내하는 데 영향을 준다. 예를 들어, 어느 방송국 뉴스에서는 프랑스 식당의 종업원이 말쑥한 차림의 손님은 창가로, 그리고 상대적으로 허름한 차림을 한 손님은 안쪽 구석으로 안내해 준다는 보도

** 지배계급의 문화는 합리적인 반면 피지배계급의 문화는 비합리적인 것으로 인식하도록 하여 지배계급의 문화에 따르도록 하는 폭력적인 지배 형태로서, 부르디외가 사용한 개념이다.

를 하였다. 실제로 고급 식당 종업원이 깔끔한 복장으로 매너를 갖추고 모든 손님을 모시는 것 같지만 그의 사고에는 편견과 선입견이 자리 잡고 있을 수 있다. 고급이라는 수식어가 붙은 곳에서는 옷차림, 더 나아가 인종으로 인한 편견과 차별이 생각보다 흔하게 일어나고 있다. 누군가가 겉으로 보이는 현상에 의존하여 사람을 달리 대접하는 행위 또한 상징폭력에 해당한다.

고급 식당의 식탁에서 경험하는 소소한 자리 배치도 있다. 식당의 식탁에는 다양한 식기와 음식이 자리하고 있다. 가끔 나를 곤혹스럽게 만드는 것은 '물'과 '빵'의 위치이다. 다른 사람들과 함께 식사하는 경우, 어느 것이 나의 것인지 헷갈리곤 한다. 식당에서 물과 빵의 자리를 배치하는 원리는 기본적으로 '좌 빵, 우 물'이다. 즉 나를 중심으로 왼쪽 자리의 '빵'이, 오른쪽 자리의 '물'이 내 것이다. 이처럼 식탁에도 문화라는 이름으로 물과 빵을 놓는 자리가 정해져 있다.

또한 식탁에는 음식을 중심으로 여러 개의 포크와 나이프도 자리하고 있다. 이럴 경우 바깥쪽에 놓인 포크와 나이프를 먼저 사용한다. 그리고 식사를 하는 중에는 포크와 나이프가 서로 떨어져 기능한다. 즉, 왼손에는 포크를, 오른쪽에는 나이프를 들고 사용한다. 식사를 마치면 나이프와 포크는 함께 모아 다소곳하게 자리에 놓는다. 소위 이런 것들을 식사예절이라고 한다. 식사 예절이라는 문화가 몸에 밴 사람은 이것이 별일이 아니겠지만, 이 문화에 익숙하지 않은 사람은 식사예절도 모르는 자가 된다. 이처럼 사람에게 모르는 것을 요구하는 행위는 다른 사람에게 자신감의 상실을 가져와 문화적 빈곤을 낳을 수 있다.

사람들은 자신의 아비투스를 타인과 구별하기 위하여 적극적인 행위

레스토랑의 식탁 모습

를 표출하기도 한다. 이것은 나를 타인과 다른 존재로 여기기 위한 행위이다. 일반적으로 계급과 문화가 결합해서 자신들만의 아비투스를 취향이라는 이름으로 고급화하여, 자신들을 타자와 적극적으로 구별하고자 한다. 부르디외는 이런 행위를 '구별짓기'라고 말했다. 예를 들어, 고급 레스토랑에서의 외식은 '정장 차림과 일정한 식사 예절, 은제 그릇을 올바르게 사용하는 지식, 정선된 와인을 선택하고 음미하는 능력 등을 요구한다'(레이첼 페인 외, 이원호·안영진 역, 2008, 89).

우리 사회에 유럽의 와인을 마시는 문화를 들여와 그들만의 리그를 만들며 취향을 즐기는 집단도 구별짓기의 전형적인 사례이다. 가진 자는 물적 토대만을 중심으로 한 차별화에서 벗어나, 경제적 풍요에 문화라는 겉치레까지 입혀 품격 있고 고상한 차별화 놀이를 자행한다. 이런 행위를 정당화하기 위해서 갖가지의 조건과 요구를 만들어서 타자와의 구별짓기를 강화한다. 이를 통하여 가진 자는 자신만의 편안함과 안락함을 즐긴다. 그러나 우리 사회는 구별, 아니 차별이 없을 때 더 정의롭다. 특정 집단이 자신들의 문화 소비 취향을 즐기면서 직간접적으로 타자를 구별하는 행위는 사회의 갈등을 유발한다. 다음은 드라마에 나온 구별짓기 행위의 한 사례이다.

박복자: 다시 태어나면 난 화가가 될 거예요.
우아진: 다시 태어날 필요까지는 없는데, 지금이라도 배워요, 그림. 될 수 있어요, 화가.
박복자: 내가 화가가 될 수 있다고요?
우아진: 그럼요. 충분히 가능해요. 제가 화가 하나 소개해 줄게요.
박복자: 진짜요?
우아진: 상류층 여자들의 취미가 그림이죠. 보거나 그리거나 둘 중의 하나는 꼭 하거든요. 골프 등록했습니다. 내일부터 배우셔야 해요.

(중략)

우아진: 누굴 봤어요?
박복자: 그야 당연히 아진 씨.
우아진: 이젠 절 보시면 안 되죠. 전 더 이상 상류층 여자가 아닙니다. 제 스스로 거기서 내려왔어요. 저랑 얘기한 저 사모님을 보셔야 해요. 낮은 목소리에, 사람을 존중하지도 무시하지도 않는 알 수 없는 표정. 동사보다 명사를 이용하여 의미 전달을 하고, 반드시 짧은 대답은 존댓말, 자신의 의견을 피력해야 되는 순간엔 어미를 축약하는 말버릇. 그리고 사람을 대할 땐 반드시 눈을 바라봐야 해요.

-JTBC 드라마 '품위있는 그녀'의 대사 중에서

자리는 권위를 상징하기도 한다. 자리가 권위를 낳기도 하지만 권위가 자리를 만들기도 한다. 우리는 자리가 가지는 권위를 인정한다. 권위의 인정은 자리가 가지는 정당성에서 비롯한다. 정당성에는 절차의 정당성도 포함한다. 자리의 정당성은 국민이나 구성원으로부터 나온다. 그래서 권위를 부여받은 자리는 자릿값을 제대로 해야 한다. 자리가 자리다우려면 정당성을 부여한 구성원을 위하여 정의를 실현하고자 해야 한다. 예를 들어, 법정에서 재판장이 입실할 때 피고인, 원고인, 방청객, 변호사, 검사 등 법정의 모든 사람이 기립한다. 재판장은 가장 가운데의 높은 자리에 앉는다. 재판장이 그 자리에 앉아서 불편부당함이 없이 판결해 달라고 그에게 권위를 부여해 준 것이다.

반면 자리의 권위를 상실하면 구성원이 자리를 박탈하기도 한다. 자리에 앉은 사람, 즉 권위의 정당성을 부여받은 사람이 자릿값을 제대로 못하면 그 자리에서 내몰린다. 그중 한 예가 탄핵이다. 박근혜 대통령은 국민이 준 대통령 자리를 최순실 등의 무리에게 사유화하게 함으로써 국민으로부터 탄핵을 당했다. 즉 그에게 부여한 정당성을 국민이 회수해 버린 것이다. 그리고 국회의원이나 자치단체장의 소환제가 있다. 국민에게 투표할 수 있는 권리가 있다면, 이 투표 행위를 거두어들일 권리도 있다. 선출된 국회의원이나 단체장이 일을 제대로 수행하지 못할 때 그들을 소환할 수 있다.

권위는 어느 사람이나 권력에 치우치지 않고 양심에 따를 때 자연스럽게 보호된다. 재판장은 법 앞에 만인이 평등하다는 헌법 정신을 구현하면 되고, 대통령은 국민을 위하여 권력을 사용하면 된다. 그러나 자리의 권위가 아닌 자리의 권력만을 탐하면서 양심을 파는 자도 많다. 자기 자리를 내팽개치고 정치·경제 권력에만 아부하는 행위는 권위의 자리를 부정하는 일이다. 자리는 권위를 가진 권력이지만, 자리를 제대로 수행하지 못하면 자리를 보전하기 어렵다. 권위를 가지고 자기 자리를 잘 지키는 것은 우리 사회를 건강하게 만드는 방법이다. 대통령 노릇 하기 참 쉬울 수 있다.

자리는 서열 기준에 따른 배치이다. 서열이 높은 자리는 권위를 가진다. 권위는 정당성이 요구된다. 정당성을 가진 권위의 자리를 정의롭게 사용하여 우리 사회를 적극적으로 더욱 아름답게 만들 수 있길 바란다. 자리가 의전 서열, 권력관계의 미덕 정도로 치부되어서는 안 된다. 그리고 자리를 아비투스화해서 타인에 대한 편견이나 다른 집단과의 구별짓기를 정당화하는 도구로 전락시켜서도 안 된다. 자리가 누군가만을 위한 감투가 되면 그 자리는 아름답지 못하다. 자리가 욕망의 대상이자 바람의 대상인 것은 분명하지만 그 자리를 제대로 사용하지 못하면 자리의 노예로 전락할 것이다. 지금 그 자리에 있을 때 잘하라고 말하고 싶다.

자리: 권력관계의 공간에 대한 표현

우리는 자리와 함께 살아간다. 하루도 자리를 점유하지 않고서 살아갈 수 없다. 공중부양을 하는 인도의 마술사도 지팡이로 자리를 잡고서 사람을 속인다. 지구상에서 중력의 지배를 받는 모든 것은 자리를 차지한다. 이런 자리의 지배는 공간의 지배로 나타난다. 역으로 공간을 넓게 지배하려는 욕망을 실현하려면 자리를 크게 차지해야 한다. 자리는 점적인 특성이 있지만, 이는 상대적일 뿐이다. 부자는 더 많고 넓은 자리를 차지하고도 이를 한낱 점으로 인식하는 경향이 있다. 반면 기층 민중은 한 뼘의 땅 자리라도 소유하고자 부단히 노력한다. 자리는 이처럼 상대적이다.

자리를 상대적 가치로 전환하려는 무리는 자리를 추상화하는 경향이 있다. 그들은 실제와 다른 의미나 가치를 자리에 부여하여 자신들의 욕망을 감추려는 본능을 지닌다. 즉, 자리를 부(富)로 말하지 않고, 이를 통하여 세상을 이롭게 하려고 한다고 말한다. 세상 사람들에게 도움을 주려고 한다는 식의 가치를 접목해 자신들의 욕망을 아름다움으로 위장하여 덧칠한다. 그러나 우리 모두에게 자리는 실재적이고 실존적이다. 우리는 자리를 욕망하고, 자리를 차지하고 싶어 한다. 하지만 그 자리를 가지는 데는 차이가 날 수밖에 없기에 필연적으로 누군가 자리를 많이 차지하면 누군가는 적게 차지하게 된다. 이런 차이를 가져오는 주요 동인은 권력이다. 자리는 권력의 지배를 받으면서 그 영향력을 확대 생산해 간다.

(공간의 자리이든 지위의 자리이든) 자리는 권력의 지배를 받고, 또한 자리는 권력이기도 하다. 모든 권력은 권력의 소유 정도에 따라서 그 관계를 수직화하려는 경향을 보인다. 그래서 우리 사회에서는 권력을 행사하는 사람과 권력의 지배를 받는 사람 간의 관계가 형성된다. 우리 사회에서 벌어지는 갑(甲)질 논란도 여기에 속한다고 볼 수 있다.

이처럼 권력의 소유 정도에 따라서 그 관계질서가 형성된다. 하지만 권력관계에서 대부분의 사람은 권력의 먹이사슬에 걸려 있을 가능성이 높다. 상부권력이 하부권력보다 한정되어 있기 때문이다. 그리고 권력을 욕망하는 한 우리는 모두 권력관계의 먹이사슬에 걸려들 가능성이 높다. 우리는 그 권력을 비난하면서도 권력을 따르거나 그것을 소유하려 한다. 권력의 달콤함을 알고 있기 때문이다.

권력은 사람들의 관계를 서열화한다. 좋은 말로 하면 권력은 질서를 가진다. 권력을 대표하고 상징하는 자리에서 세상의 권력질서를 볼 수 있다. 권력의 크기에 맞추어 세상의 질서가 유지되고 있다. 그래서 큰 권력을 가진 사람은 높은 자리를 취하여 그 권력을 행세한다. 하지만 보통 권력을 가진 사람은 권력을 획득하고 나면, 권력의 획득과정을 잊곤 한다. 권력자는 자신의 권력이 지배하고자 하는 대상으로부터 나왔다는 평범한 진리를 망각한다. 예를 들어, 박근혜 대통령도 그 권력이 국민으로부터 나왔다는 것을 쉬이 망각하고 국민을 통치의 대상으로 인식하였다. 그리고 무모하게도 역사를 왜곡시키기 위하여 한국사 교과서의 국정화를 기도하였다. 그는 권불오년(權不五年)에 지나지 않은 대통령 권력의 자리를 정통성이 없는 무리와 나눔으로써 국민에게 탄핵을 당하였다. 국민이 준 권력의 자리를 잘못 사용하여 대통령과 국민의 관계를 뒤틀리게 한 것이다. 그리고 그는 그 대가를 혹독하게 치르고 있다.

권력의 질서는 다양하다. 권력의 질서는 인간과 인간, 인간과 자연, 동물과 동물 등 모든 영역에 존재한다. 그 질서를 나타내는 대표적인 개념이 생태계이다. 생태계라는 질서 속에서 생물은 각자의 자리를 차지하고 종의 역할과 기능을 다한다. 이런 종의 질서는 종 다양성이 있을 때 가장 건강하다. 생물 종의 멸망은 생태계의 권력질서를 무너뜨리는 행위이다.

인류는 권력의 자리에 도전해 왔다. 권력의 수직적 구조를 가능한 한 수평적 구조로 만들기 위하여 지배자의 권력질서에 도전해 온 것이다. 피지배자는 그것을 혁명이라고 불렀고, 지배 권력자는 기존의 질서에 반한다며 이를 반란, 민란, 난 등으로 격하하여 표현하였다. 피지배자인 민중은 지배 권력자 중심의 사회를 질서가 아닌 무질서로 보기에 끊임없이 권력에 도전한다. 하지만 강자의 자리를 잡은 권력자는 자신의 권력에 도전하는 무리를 본능적으로 감시하려 든다. 권력자는 미셸 푸코의 감옥처럼 가장 완벽한 감시체계를 만들어 놓고 싶어 한다.

> 완벽한 감시의 장치라면, 단 하나의 시선만으로 모든 것을 영구히 볼 수 있을 것이다. 하나의 중심점이 있어, 그것이 모든 것을 비추는 광원이 되는 동시에 알아야 할 모든 사항이 집약되는 지점이 될 수 있을 것이다. 즉, 그것은 그 무엇도 피할 수 없는 완벽한 눈이고, 모든 시선이 그쪽을 지향하는 중심이다. 아르케 스낭을 건설하면서 르두가 생각했던 것이 바로 그것이다. 즉, 모두 안쪽을 향한 채 원형으로 배치되어 있는 건물들 중심을 향한 채 있는 높은 건물은 관리라는 행정적 기능, 감시라는 치안 유지적 기능, 단속과 검사라는 경제적 기능, 복종과 노동의 장려라는 종교적 기능 등을 두루두루 함께 갖도록 만든 것이었다.
>
> -미셸 푸코, 오생근 역, 2010, 『감시와 처벌: 감옥의 역사』, 273

프랑스 파리의 개선문과 그 주위를 이어 주는 사통팔달의 방사상 도로는 지배 권력의 자리를 공간에 표현한 대표적인 사례이다. 파리에는 개선문을 중심으로 12개의 도로가 방사상으로 펼쳐져 있다. 이것이 마치 별과 같은 모양이어서 그 이름도 에투알(Etoile, 프랑스어로 별을 의미)이다. 1789년 프랑스 혁명으로 역사의 뒤안길로 사라진 왕을 본 프랑스의 권력자들은 자신들만은 민중에게 당하지 않겠다는 생각에 파리의 도심도로를 가장 잘 감시할 수 있는 형태로 다시 만들었다. '권력을 잡은 적은 수의 군대로 시민봉기를 통제해야 했다. 그래서 나온 디자인이 방사상 구조이다. 파리에서 시민이 봉기를 하면 12개의 간선도로로 쏟아져 나오고 이때 개선문 지붕에 대포만 설치하면 적은 수의 군대로 시민을 제압할 수 있게 된다'(중앙선데이 2016년 11월 6일). 이렇게 절대 권

파리 개선문의 방사상 도로

력자들은 자신이 가진 권력의 질서를 가장 잘 유지할 수 있도록 도로망조차도 지배하려 들었다.

우리는 지리 수업시간에 파리의 도로망을 방사상 도로망이라고 배웠고, 교통이 발달한 나라의 우수한 도시계획이라고 배웠다. 그러면서 우리나라에도 이런 도로망이 있는데, 그 대표적인 사례로 창원시의 도로망을 배웠다. 하지만 파리의 개선문을 중심으로 형성된 방사상 도로망이 절대 권력 시기에 프랑스의 시민 혁명군을 통제하고 감시하기 위한 목적으로 건설되었다는 것을 가르쳐 주지는 않았다. 또한 우리나라의 계획도시인 창원시의 방사상 도로망은 근대 산업주의의 산물이고, 그것이 지나치게 효율성을 강조하여 인간소외를 가져오는 산업화의 유산임을 말해 주지는 않았다.

파리의 방사상 도로의 목적이 통제였다면, 창원시의 도로망은 인간보다는 자동차의 속도와 물류 이동의 효율화를 목적으로 했다. 창원의 도로망은 대량생산을 위한 산업화의 토대이자 근대화의 상징이 되었다. 파리와 창원의 사례를 중심으로 보면, 파리는 지표 공간에서 권력을 이용한 감시를 중시한 반면, 창원시는 근대 이후의 효율과 생산성을 중시한 것을 알 수 있다. 하지만 시대를 막론하고 권력과 연계된 공간은 권력자, 공급자와 기업가의 입장을 더 크게 드러내고 있음을 알 수 있다.

사람들은 권력을 이용하여 자리를 조직화하기도 한다. 자리의 조직화를 위해서는 나름의 원칙이 있어야 한다. 사람들은 규율을 가지고서 자리를 '조직화함으로써 복합적인 공간을, 즉 건축적이면서 동시에 기능적이고 위계질서를 갖는 공간을 만들어 낸다. 그것은 자리를 고정시키면서, 또한 자리 이동을 허용하는 공간이다. 그 공간은 개개인을 작은 단편으로 절단하고, 또한 조작 가능한 관계를 수립한다. 그리고 자리를 지정하고, 그 가치를 명시하며 개개인의 복종뿐만 아니라 시간과 동작에 대한 최상의 관리를 확보한다'(미셸 푸코, 오생근 역, 2010, 233-234). 권력자들은 공간을 지배질서에 유리하게 조직하여 그 효율성을 고양시켜 왔다. 그리고 효율성이라는 이름으로 사람들의 행동을 넘어 사고마저도 지배하려 든다.

서양의 도로 구조는 공간의 조직화를 극대화한 자리의 특성을 잘 반영한다. 반면에 우리의 전통적인 도로는 그렇지 않다. 전통적인 도로는 시원하게 사통팔달로 뚫린 도로망이 아닌, 구불구불하고 좁은 도로망 구조이다. 이런 곳에서는 지배 권력의 질서보다는 사람의 질서가 반영된다. 즉, 전통적인 도로의 자리에서는 오랜 삶을 유지한 사람이 질서를 지배할 수 있다. 오래 살았기에 텃세로 보일 수도 있지만, 그 자리에서 살아온 삶이 곧 연륜이 되어 자연스럽게 자리를 지배한다. 자리를 지배하는 힘이 지배 권력에서 나오는 것이 아니라, 삶의 경험을 반영한 지혜 권력에서 나오는 것이다.

자리는 권력관계를 담은 공간이다. 우리 사회의 많은 자리는 힘의 결과이다. 그 힘은 정치, 경제, 문화 등 다양한 영역에서 발생한다. 그 힘은 시대와 환경에 따라서 다른 모습으로 나타난다. 과거에는 절대왕정의 정치 권력이, 자본주의 사회에서는 경제 권력이, 그리고 어느 사회에서는 전통이라는 문화 권력이 자리에 영향을 미친다. 이처럼 자리는 다양한 형태의 힘들이 반영된 공간적 결과물이다. 이런 자리를 보면 그 시대를 지배하는 힘, 즉 권력이 무엇인지를 알 수 있다. 지금 나의 주변에서 공간을 차지하고 있는 자리에 묻고 싶다. 넌 어떤 권력을 담은 것인지 그리고 어느 권력의 지배를 받고 있는지를 말이다.

자리: 의도적인 배치 행위의 미학

"누굴 장기판의 졸로 아나?"라는 말이 있다. 장기판의 졸(卒)은 장기판의 왕인 한(漢)과 초(楚)의 승리를 위해서 최전선에서 싸우는 존재이다. 졸은 최전선에서 전쟁의 승리를 최종적으로 확인하는 존재이자 모두를 위해서 온몸으로 방어하는 역할을 하는 존재이다. 장기판에서 차(車), 말(馬), 포(包), 상(象) 등도 그들의 자리에 걸맞은 역할과 기능을 수행한다. 이렇듯 각 자리는 규모의 차이는 있으나 배치된 자리에서 부여된 기능을 충실히 수행한다.

일상 속에서 접할 수 있는 자리 배치는 허다하다. 그 사례를 살펴보면, 먼저 프로 바둑기사 이세돌은 컴퓨터 인공지능(AI)인 알파고(AlphaGo)와의 맞대결로 세계의 이목을 끌었다. 이 대국에서 이세돌 기사는 신의 한수로 1승을 거두었다. 바둑에도 자리의 배치가 존재하고, 자리 배치와 관련된 바둑 용어도 많다. 예를 들어, 19줄의 가로줄과 세로줄로 이루어진 바둑판의 교차점에 돌을 놓는 착수(着手), 중반전의 싸움이나 집 차지에 유리하도록 초반에 돌을 벌여 놓는 포석(布石), 세력을 펴서 돌을 놓는 행마(行馬) 등이 있다. 반상에서 이루어지는 돌의 자리 배치는 상대를 이기려는 머리싸움의 결과이다. 이세돌과 알파고의 대국은 자리 배치의 지혜를 혼자서 짜내는 바둑 천재와 수백 명의 프로기사의 협업을 통해 컴퓨터에 입력한 방대한 기본 데이터를 기반으로 스스로 분석하고 학습하여 돌을 둘 최적의 자리를 찾는 컴퓨터 프로그램과의 싸움이었다. 누구와 대국을 하든, 바둑은 반상에서의 자리 배치를 위한 싸움이다.

축구 경기에도 자리 배치가 있다. 공격수, 미드필더, 수비수의 자리 배치에 따라서 축구 전술의 포메이션이 달라진다. 훌륭하고 훈련된 팀일수록 자신의 전술과 자리싸움에 강하다. 축구에서 자리 배치 싸움 중 대표적인 것이 오프사이드(off side)이다. 수비수가 상대의 공격을 무력화시키는 방법으로 사용하는 자리싸움이다. 공격수의 발에서 공이 떠나기 전에 상대의 최종 수비수보다 적진에 더 들어가는 경우 그 선수는 오프사이드에 걸린다. 오프사이드는 축구 경기에서 자리싸움이자 영역싸움이라고 볼 수 있다. 수비수는 최종 방어선을 설치해 두고 자신의 땅을 지키려 하고, 상대는 침투해서 뺏으려는 싸움이다.

농구 경기에서도 축구경기와 유사한 자리 배치 전술이 있다. 예를 들면 박스아웃(box out)이다. 수비 팀이 수비 리바운드를 하면서 공격수가 일정 공간 안으로 들어오지 못하도록 하는 자리 배치 싸움이다. 이와 같이 운동 경기에서는 선수의 자리가 배치되고, 상대 선수의 자리를 빼앗아 선점하려는 자리싸움이 일어난다. 감독은 운동 경기에서 선수들의

영국 프리미어리그 토트넘 프로축구의 선수 배치

자리를 탄력적으로 변경하여 자리싸움에서 지속적으로 우위를 점하려 한다. 그래서 감독의 작전은 곧 자리싸움의 지략이라고 해도 과언이 아니다.

자리는 배치(allocation)의 결과이다. 배치의 사전적 정의는 특별한 목적을 위하여 선별하여 정하는 행위, 또는 계획에 따라서 분배시키는 행위이다. 자리 배치는 특별한 목적이나 계획에 따라서 자리를 정하는 행위라고 볼 수 있다. 배치는 단순한 우연적 결과가 아니라 의도적 행위이다. 그리고 배치의 주체는 사람이고 자리는 타자에 의해서 부여된 결과이다. 자리를 배치하는 타자는 권력, 권위, 전통, 어른 등의 지배질서를 따르면서 동시에 통제하는 존재이다. 배치하는 타자는 기존의 질서를 벗어나지 않으면서 자리를 배치할 수도 있고, 파격이라는 이름으로 기존의 질서를 뛰어넘어 배치할 수도 있다. 자리를 배치하는 자는 의도나 목적에 따라 판단하여 자리를 배치한다. 그 판단 기준은 이익, 심미, 조화, 선호 등이 될 수 있다.

자리 배치의 스케일(scale)은 다양하다. 집의 가구, 가게 터 등과 같이 일상에서 접하는 소소한 것들의 자리 잡기부터 다국적 기업의 분공장의 위치 선정 등 글로벌적인 자리 잡기까지 그 스케일이 다양하다. 우리는 삶을 영위하면서 자리 잡기와 무관하게 살 수 없다. 주체적인 존재로서 혹은 타자가 정해 놓은 것 중의 하나를 선택하는 존재로서 살아가야 하기에 자리 배치, 자리 잡기와 관련될 수밖에 없는 것이다. 지리학자는 자리의 배치에 오랫동안 관심을 가져 왔다. 자연스럽게 지리학자는 공장, 도시, 신도시 건설, 공업단지 건설 등의 입지론에 관심을 가졌다.

자리는 타자가 의도를 가지고 어떤 대상을 어느 한 곳에 배치함으로써 비로소 존재가치를 부여받을 수 있다. 일반적으로 자리 배치는 공리(公利), 즉 공적 이익을 지향한다. 비록 자리 배치로 인한 공리의 정도가 사람마다 다를지라도, 이의 기본 전제는 모든 구성원이 이익을 보도록 하는 데 있다. 어떤 경우에는 선택과 집중이라는 개발 전략으로 자리를 배치하여 순차적으로 개발이익이 화수분처럼 공유되기를 바라면서 자리 배치를 한다. 또한 우리는 자리 배치에 있어서 기본적으로 인간을 경제인(經濟人, economic man), 즉 최소비용으로 최대이익을 추구하는 존재로 본다. 자리 배치의 계획자도 경제인이기에 공적 이익을 극대화할 수 있도록 자리 배치를 할 수 있다고 본다. 예를 들어 우리는 흔히 산업입지의 배치를 계획하는 의사결정자가 경제인이어서 다수의 국민에게 이익을 주는 자리를 합리적으로 결정할 것이라고 기대한다.

초기의 의도와 다르게 자리 배치의 결과가 나타날 수 있다. 계획가의 의도와 다른 방향으로 자리가 성장하는 경우이다. 예를 들어, 전주 한옥 마을은 전통생활문화 중심도시로서의 발전을 꾀하고자 하는 의도로 계획되었으나 20대 청년들이 가장 가고 싶은 도시가 되어 길거리 음식 중심의 도시가 되었다. 또한 자리 배치는 우연적 결과를 가져올 수도 있는데, 그 우연적 결과는 이익이 될 수도 있고 손해가 될 수도 있다. 예를 들어, 농사를 짓던 논밭 옆에 도로가 건설되면 자리의 가치, 즉 지가가 상승할 것이다. 반면, 쓰레기 매립장이 가까이 자리 잡으면, 지가가 하락할 것이다.

하지만 자리 배치는 주어진 자원과 범주 내에서 이루어진다. 바둑의 포석도 19줄의 가로와 세로의 격자상에서, 공장 배치도 주어진 자연환경과 인문환경에서 이루어진다. 이렇게 자리 배치는 나름의 한계를 지니고 있어서 완전할 수 없고 최선이 아닌 차선일 수 있다. 최적의 자리가 아닌 준최적(準最適)의 자리일 수 있다. 인간은 경제인을 추구하면서 자리 배치를 할지라도 차선에 족해야 하는 만족자(滿足者)가 되어야 한다. 자리에 주어진 자원과 정보가 많을수록 최적에 가깝게 자리 배치에 대한 의사결정을 할 수 있을 것이다.

인간은 최적의 자리에서 준최적의 자리로 의사결정을 하면서 인간의 불완전성을 드러낸다. 현실적으로 보면, 자리 배치는 자본의 크기, 정보의 소유, 권력의 정도 등에 의해서 결정될 가능성이 높다. 자리 배치는 필연적으로 불공정성과 불평등성을 낳을 수밖에 없다. 인간이 불완전한 존재임을 아는 데는 그리 오랜 시간이 걸리지 않는다. 사람들은 공리 추구의 인간임을 스스로 포기하고, 공적 이익을 도모하는 듯하면서 사적 이익 혹은 특정 집단의 이익을 취하도록 자리 배치를 한다. 특정 후보에게 유리하게 선거구를 획정하는 게리맨더링(Gerrymandering)이 대표적인 경우이다. 의사결정자는 결정할 대상을 자기 연고지역에 우선적으로 배치하여 경제인임을 스스로 부정하기도 한다. 투기자는 자리 배치의 정보를 사전에 입수하여 사적 이익을 취하기도 한다.

자리는 배치를 통하여 힘을 얻고, 그 힘으로 자신의 자리를 잡는다. 그 과정에서 자리는 또 다른 자리와 경쟁을 한다. 자리는 자리싸움을 하면서 자신의 영역을 굳건히 하며 자기 자리를 확대재생산한다. 자리가 자리를 잡으면 소위 자리의 기득권이 발동한다. 자리가 권력이 되거나 이익을 창출할 때, 자리는 자릿값을 한다. 요즘 말로 이를 프리미엄이라고 한다. 상점 등을 거래할 때는 권리금이라고 부른다. 무형 자산인 자릿값이 유형 자산으로 환치되어 경제시장에 영향을 준다.

그리고 모든 존재는 자리를 잡아서 영역(territory)을 구축하려는 본능을 가지고 있다. 자리는 내부적으로 동질감을, 외부적으로 배타적 확장성을 동반하는 경향이 있다. 다시 말하여 자리에서는 내부의 응집을 가져오는 구심력과 세력을 밖으로 확장하려는 원심력이 발동한다. 그 영향이 미치는 범위가 세력권이다. 일상적으로 접하는 짜장면의 배달 거리, 가게의 상권, 통학권 등이 대표적이다.

더 나아가 자리는 자리를 나누어 가지지 않으려는 배타성을 띤다. 동물은 소리, 냄새, 배설 등으로 자신의 자리임을 세상에 표현한다. 텃세를 부리며 자리가 자신의 영역임을 세상에 알리는 것이다. 그리고 그 자리에서 배타적인 실효적 지배가 주는 안정감을 맛보려 한다.

자리의 배타성은 자리의 크기에 따라서 다양하다. 즉 자리에도 체급이 있다. 서로 다른 체급을 가진 자리들이 서로 날줄과 씨줄이 되어 상호공존과 상호조화를 이루며 살아간다. 그러나 자유와 경쟁을 앞세워 신자유주의라는 이름으로 자리의 배타적 공존 질서가 파괴되고 있다. 거대자본이 더 넓은 자리를 구축하려고 경쟁이라는 미명 아래 약육강식의 행패를 부린다. 예를 들어, 대기업의 중소기업 업종 침입, 프랜차이즈와 대형마트가 동네 빵집, 동네 슈퍼마켓 등의 골목상권을 장악하려 드는 행위가 그것이다. 자본의 이익을 극대화하기 위한 경제 행위가 확장되면서 다수의 배타적 공존이 위협받고 있다.

자리는 일상에서 흔히 접하는 현상이다. 그리고 그 자리는 누군가의 의도적인 자리 배치 행위의 결과이다. 나 아닌 다른 사람에 의해서 배치된 수많은 자리가 우연적 효과를 낳을지는 몰라도 비의도적으로 배치가 이루어진 자리는 없다. 우리는 날마다 원하든 원하지 않든 간에 자리를 접할 수밖에 없다. 생활 주변에 널리 존재하는, 때로는 그 존재도 인식하지 못할 정도로 익숙한 자리들을 의도적 배치 행위의 결과라는 관점으로 낯설게 바라볼 수 있길 바란다. 오늘, 지금 바로, 그 자리에 숨어 있는 자리 배치의 미학을 찾아보길 바란다. 세상을 보는 또 하나의 새로운 눈이 될 것이다.

자리 정보: 세계를 이해하는 출발점

평원과 골짜기는 늘 초록색,

고지대와 산맥은 노란색과 갈색,

가장자리가 찢긴 해안과 맞닿아 있는

바다와 대양은 친근한 하늘색,

이곳에서는 모든 것이 조그맣고, 닿을 수 있고, 가깝다.

나는 지도가 좋다.

또 다른 세상을 내 눈 앞에 펼쳐 보이니까.

-비스와바 심보르스카, '지도' 중에서

아침마다 조간신문을 펼쳐 들면, 세계 정보가 신문에 빼곡하다. 지난 밤 온 세계에서 일어난 사건과 사고들이 기사화되어 신문에 가득 차 있다. G20 정상회담, 이슬람 테러, 사드 배치, 월드컵 축구대회, 중국-인도 국경문제, 베네수엘라 살인적 물가 폭등 등의 뉴스가 눈에 띈다. 이런 뉴스를 접하다 보면, 뉴스가 발생한 국가 혹은 더 나아가 장소까지 알고 싶을 때가 있다. 뉴스를 더욱 잘 이해하기 위한 나의 본능적인 직업의식의 발동 때문이다. 세계 각국에서 일어나는 모든 뉴스는 위치 정보와 관련되어 있다고 해도 과언이 아니다. 예를 들어, 어느 신문에 소개된 칼럼의 일부를 살펴보자.

> 동아시아에는 사실상 '내해'라고 할 만한 바다가 여럿 있다. 남중국해, 동중국해, 서해, 동해 등이 그것이다. 이들 가운데 동해를 제외한 세 바다는 중국을 크게 감싸고 있으며, 이들 바다를 사이에 두고 치열한 미-중 대결이 벌어진다. 가장 불꽃이 튀는 곳은 남중국해다. 미-중 지역 패권 경쟁은 이곳에서 결판이 난다고 해도 좋다. 동중국해는 일본이 실효적으로 지배하는 센카쿠열도(댜오위다오)에 의해, 서해는 한반도에 의해 막혀 있다. 중국으로선 센카쿠열도보다는 한반도가 마음이 편하다. 한-중 관계가 중-일 관계보다 좋기 때문이다. 그런데 사드 배치는 이 구도를 바꿀 수도 있는 중요 변수다. 중국의 우려대로 한국이 미국 미사일방어망의 전진기지가 돼 버리면 서해 쪽은 동중국해 못잖게 불안해진다. 중국이 말하는 이른바 '전략적 균형의 훼손'이다.
>
> -한겨레신문 2016년 8월 8일

이 글에서는 '동아시아, 내해, 바다, 남중국해, 동중국해, 서해, 동해, 중국, 미-중, 일본, 센카쿠열도(댜오위다오), 한반도, 한-중, 중-일, 한국, 미국, 전진기지' 등이 소개되고 있다. 이것들은 모두 대륙과 바다, 국가와 영토에 관한 위치 정보를 담고 있다. 이 칼럼의 내용을 파악하기 위해서는 여기에 소개된 위치 정보를 이해하는 것이 중요하다. 세계지리에 관한 위치 정보의 이해 없이 이 글을 읽는다면, 글의 맥락은 알 수 있으나 칼럼의 내용을 구체적으로 실감나게 이해하기는 어려울 것이다. 동아시아의 정치 지형을 이해하는 데 위치 정보가 큰 역할을 함을 알 수 있다. 다음은 2016년 브라질의 리우 올림픽 개막식에 관한 기사의 일부이다.

> 브라질 테니스 영웅 구스타보 쿠에르텐, 여자 농구 스타 올텐시아 마카리가 차례로 이어 받은 성화는 마라토너 반델를레이 지 리마에게 전달됐다. 2004년 아테네 올림픽과는 달리 이번에는 그의 앞길을 가로막는 사람이 없었다. 그리고 리우의 성화에 불이 붙었다. 사상 첫 남미에서 열리는 올림픽도 본격적으로 시작됐다. 정치·경제·치안 등 불안 요소들에서 나온 우려와 달리 6일 개막식은 성공적으로 치러졌다. 게다가 적은 예산으로 브라질만의 독창적인 콘텐츠를 선보였다는 호평을 받고 있다. 이번 개회식에 쓴 비용은 2012 런던 올림픽 때의 4200만 달러(약 460억 원)의 절반 정도인 것으로 알려졌다.
>
> -스포츠경향 2016년 8월 7일

이 기사는 '브라질, 아테네, 리우, 남미, 런던' 등의 세계지리에 관한 위치 정보를 담고 있다. 특히 이 글에서 '리우'는 이 글을 이해하는 데 있어서 핵심적인 위치 정보이다. 리우는 '리우데자네이루(Rio de Janeiro)'의 줄임 표현이고, 여기에는 남반구의 남아메리카에 위치한 브라질 남동부 대서양 연안의 도시라는 위치 정보가 전제되어 있다. 더 나아가 리우의 위치 정보는 우리나라의 계절과 반대이며, 12시간의 시차가 있음도 알려 준다.

세계의 위치 정보에 대한 이해는 세계를 잘 파악할 수 있게 도와준다. 위치 정보는 지리적 문해력을 가지는 데 있어서 가장 기본적인 지적 이해이다. 날마다 세계에서 일어나는 사건과 사고는 반드시 장소를 동반하고 장소 안에서 발생한다. 장소에 관한 위치 정보를 알고 있으면, 사건과 사고의 지리적 배경을 이해함으로써 사건과 사고를 둘러싼 내용을 더 깊숙이 이해할 수 있다. 그래서 위치 정보는 세계에 관한 상식 너머의 상식을 가져다줌으로써 우리의 일상적인 삶에 지혜를 준다.

더 나아가 위치 정보는 기본적인 지리 정보(geography information)이다. 즉 위치 정보는 세계를 이해하는 데 필요한 지리 정보를 담고 있다. 위치는 경도와 위도가 만나는 지점이다. 이와 같이 수치로 표현한 위치는 단순히 수치만을 의미하지 않고 그 이상의 의미를 담고 있다. 하나의 위치는 기본적으로 자연지리의 정보를 담고 있다. 위치가 가지는 중요한 자연지리의 정보는 날씨와 기후, 식생과 지형이다. 이것들은 위치에 의해서 결정되는 자연현상으로서 우리의 삶과 가장 밀접한 관련이 있다. 자연지리는 인간이 환경에 적응하는 과정에 큰 영향을 준다. 이 적응 과정에서 인간은 다양한 생활양식을 가진 문화를 낳고, 산업 활동을 수행한다. 그리고 그 결과로 지역마다 다른 지역성이 생긴다. 이렇듯 위치 정보는 지리 정보의 기초를 형성하고 있어서, 위치 정보를 파악하는 것은 세계지리를 이해하는 데 있어 기초적인 지적 행위라고 볼 수 있다.

위치 정보는 지리적 사고의 기초이다. 위치 정보는 위치에 관한 지리적 사실(geographic fact) 정보를 제공한다. 지리적 사실은 사실의 하위 범주이고, 사실(fact)은 지적 사고의 출발점이다. 사실은 지식의 구조에서 개념, 일반화 그리고 이론으로 이어지는 초석이다. 사실은 지식의 구조에서 가장 낮은 수준의 지식이지만 사실의 토대 없이는 어떤 지식의 구조도 성립되기 어렵다. 그래서 시대를 막론하고 지식 노마드(knowledge nomad)*에서 사실은 매우 중요한 역할을 한다. 우리 시대의 지식 노마드에서는 노하우(know how)를 넘어서 노웨어(know where)의 중요성이 커지고 있다. 어디에 있느냐라는 위치 정보는 지(리)적 사고에서 중요한 역할과 기능을 한다. 이 과정에서 위치 정보는 지(리)적 사고 활동의 마중물이다.

위치 정보는 원초적인 지리 정보이고, 지리 정보의 획득은 관찰에서 시작한다. 자기 주변부터 먼 곳에 이르기까지 날마다 세상에서 일어나는 다양한 현상을 관찰해서 위치 정보를 얻을 수 있다. 지리 정보는 관찰을 통한 새로운 사실의 수집 결과이다. 관찰은 한 위치에서 현상을 살피는 것이다. 찰스 다윈이 그랬듯이, 눈에 보이는 현상을 관찰하고 기록하고, 이를 일정한 기준으로 분류하여 새로운 지식을 창출한다. 날마다 세상에서 일어나는 현상을 관찰해 지리 정보를 생산할 수 있다. 모든 현상은 기본적으로 위치 정보를 지니고 있어서 이에 대한 관찰과 기록만으로도 지리 정보를 얻을 수 있다. 우리가 일상생활에서 스마트폰으로 꽃

---

* 지식과 유목인을 뜻하는 합성어로서 새로운 지식을 찾는 사람이나 사유행위를 의미한다.

의 사진을 찍는 행위도 지리 정보를 얻는 행위이다. 꽃 사진은 꽃의 위치, 개화시기, 꽃 모양, 주변 지형, 날씨 등을 담고 있기에 지리 정보가 될 수 있다. 그리고 이를 소셜 네트워크 서비스(SNS)에 올리는 순간, 이것은 세상의 지리 정보가 된다.

위치를 지닌 지리 정보는 지적 유희를 가능하게 한다. 위치 정보는 보통 오랜 시간에 걸쳐서 형성되기 때문에 의미를 담은 타임캡슐이다. 어느 위치에서 시간을 두고서 형성된 정보는 의미를 담고 있어서 하나의 텍스트이다. 이런 텍스트는 상상력을 자극하는 기제가 될 수 있다. 위치 정보의 콘텐츠는 관점에 따라서 다양한 해석을 가능하게 해 주어 사고의 폭과 깊이를 넓힐 수 있다. 또한 위치 정보는 우리의 대화를 풍요롭게 해 준다. 특히 여행에서 접하는 새로운 지리 정보는 여행자에게 지적 희열을 맛보게 해 주어 지적 유희를 낳을 수 있다. 낯선 곳에 관한 위치 정보는 (지리) 지식 창고에 또 하나의 색다른 지식을 쌓게 해 준다. 지식 창고를 토대로 한 대화는 지적 사고를 확대재생산시킬 수 있다.

위치 정보의 공간 정보화는 세계의 이해를 도울 수 있다. 위치 정보를 공간 정보로 전환하는 좋은 방법은 지도화(地圖化)이다. 위치 정보를 지도화하면 명료한 지리 지식을 얻을 수 있다. 스마트 시대에는 위치 정보를 디지털화해서 공간 정보로 전환한 결과를 손쉽고 다양하게 얻을 수 있다. 예를 들어, 자동차 내비게이션, 구글 어스, 위성 지도, 네이버 지도 등이 여기에 속한다. 또한 세계지도나 지구의 등의 아날로그 도구를 이용하여 신문이나 방송에서 접하는 뉴스, 즉 세계에서 일어나는 사건의 위치 정보를 확인할 수도 있다. 이 방식은 우리의 손과 머리를 사용하게 만들어 위치 정보를 오래 기억하게 만드는 장점이 있다.

또한 우리 생활 속에서도 위치 정보를 공간 정보로 전환한 사례를 볼 수 있다. 예를 들어, 스타벅스 커피숍의 커피 봉지에는 커피의 원산지가 지도로 표시되어 있다. 커피 봉지의 지도에는 커피 벨트에 있는 커피 원산지의 공간 정보가 표시되어 있다. 커피 원산지의 위치 정보를 지도로 표현하여 소비자에게 보여 주기에 소비자의 커피에 대한 신뢰도를 높일 수 있다. 설령 소비자들이 이 공간 정보에 관해서 관심이 낮을지라도 커피 봉지의 지도 정보는 눈으로 볼 수 있기에 사람들에게 영향을 미친다.

반면, 영혼 없는 위치 정보가 난무하는 경우도 있다. 식당, 슈퍼마켓, 생선가게 등에서 혹은 과자 봉지 등에 알리기를 꺼려하며 눈에 잘 띄지 않게 원산지를 표시하는 경우이다. 기왕 제품의 원산지 위치 정보를 표시할 거라면 그것의 공간적 위치를 알 수 있도록 적극적으로 배려해 주면 좋을 듯하다.

위치 정보는 날마다 (재)생산된다. 그곳에서 살아가는 사람과 그곳을 둘러싸고 있는 환경이 날마다 위치 정보를 새롭게 만들어 낸다. 매일 생

프랜차이즈 커피숍에서 본 커피벨트 지도

산되는 위치 정보는 날마다 위치에 관심을 갖게 한다. 하루라도 위치 정보에 관심을 갖지 않는다면 세상의 흐름에 뒤처지고 말 것이다. 또한 사람들은 위치 안에서 자신의 정체성을 찾기도 하고 형성하기도 한다. 우리는 위치의 그물망 속에서 살고 있다. 위치의 그물망에서 허우적거리지 말고, 행위자로서 주체적으로 살아가길 소망해 본다. 위치 정보가 몸에 배도록 하기 위해서는 고전적인 방법을 활용할 필요가 있다. 지리부도에서 지명 찾기, 지도책 보기, 지구본에서 나라 찾기, 지도에서 국가별 색칠하기, 나라별 국기 알아맞히기 등의 어릴 적 놀이방법을 생각해 볼 수 있다. 이런 놀이가 곧 위치 정보에 대한 출발점 학습이다. 지금 당장, 지도에서 여행하고 싶은 아일랜드의 더블린을 찾아보고 싶다.

제2장

자리로 보는 세상 갈등

송전탑: 타지의 타인을 위해 희생을 강요받는 사람들의 자리

> 송전탑 싸우는 거 힘들지요. 늙은 할마이들 이 나이에 밥 먹기도 디다 카는데 힘든 거 뭐 말할 수가 뭐가 있노. 공사 오면 싸울 일이 꿈 같지 뭐. 송전탑 안 세워도 우리는 실컷 산다. 와 촌 사람 지길라고 지랄병하노. 돈 많고 세금도 안 내는 것들 돈 들여가 발전기 세우지. 시내 같은 데 가로등 좀 빼도 되겠더라. 우리 촌에 전기를 얼마나 쓰겠노. 테레비 볼 때도 아깝다고 불 끈다. 그마이 절약한다, 우리는. 도시 거기 공장 돌리는데 즈그가 알아서 해야지.
>
> -박중엽 외, 2014,
>
> 『삼평리에 평화를: 송전탑과 맞짱뜨는 할매들 이야기』, 135

밀양의 송전탑 건설 반대 시위로 우리 사회를 들썩였던 사건이 발생한지 벌써 오랜 시간이 지났다. 밀양의 농민들이 모여서 송전탑 건설을 온

몸으로 막던 기억이 생생하다. 힘없는 촌로들이 그저 자신들의 삶의 터전이자 조상 대대로 생을 이어 온 곳을 지키겠다는 일념 하나로 송전탑 건설에 항거했다. 촌로들은 경운기를 몰고 와 초막을 짓고서 밤을 새우며 공사 차량의 출입을 막아섰다. 하지만 촌로들이 거대한 전력회사와 맞서기는 버거웠다. 그 싸움은 끝내 거대 전력회사의 승리로 끝이 나고 말았다. 하지만 송전탑의 건설 문제는 비단 밀양만의 문제가 아니다. 전국 곳곳에서, 특히 인구가 적고 오지인 곳에서 지금도 발생하는 현재진행형의 문제이다.

> 목장을 운영하는 김영실(가명·40·여) 씨 부부는 요즘 송전선 때문에 잠을 이루지 못한다. 긴 법정싸움 끝에 대법원에서 "한국전력공사(한전)는 송전선을 철거하라"는 확정판결을 받았지만, 모든 게 물거품이 될 처지에 놓여 있기 때문이다. 사육 중인 말은 알 수 없는 이유로 잇따라 유산해 35마리에서 12마리로 줄었다.
>
> -한겨레신문 2015년 12월 2일

송전탑은 고압의 전기를 송전하는 전선과 전선을 잇기 위한 시설이다. 지상에서부터 철골 트러스를 이어서 높디높게 쌓아 올린 송전탑은 마치 공든 탑처럼 하늘을 향해 솟아 있다. 송전탑은 일정한 위치에서 좁은 면적의 자리를 차지하는 시설이다. 일정한 거리를 유지하면서 발전소에서 소비지까지 최단 거리로 접근할 수 있도록 한곳에 자리를 잡고 있다. 그리고 또 다른 송전탑과 그 자리를 이어 준다. 송전탑은 자신의 설립 목적에 맞게 기능과 역할을 다하지만, 이것이 주민의 삶의 질을 떨어뜨리고,

생존을 위협하는 존재임을 부정할 수 없다.

송전탑의 자리는 단순히 철탑이 세워진 자리가 아니다. 송전탑이 세워지기 수 세대 전부터 주민이 살아온 삶의 자리이다. 이런 자리이기에 그곳에 사는 사람들은 송전탑이 건설되는 자리에 깊은 의미를 부여한다. 그곳에 사는 사람들이 의미를 부여한 자리는 자신의 목숨과도 같은 곳이 된다. 그러기에 이 자리는 타인에게 한 치도 양보할 수 없는 곳이다. 그런 곳에 송전탑이 들어서는 순간, 그 자리는 삶의 자리가 아니라 죽음의 자리가 된다.

송전탑의 기능은 높은 고도에서 거대한 전선을 머리에 이고 고압의 전기를 받아서 소비지로 보내는 것이다. 발전소와 소비지 사이의 거리가 멀수록 전기는 고압으로 보내진다. 수만 볼트의 전압을 가진 전기는 눈에 보이지 않지만 송전탑에서는 엄청난 자기장이 발생한다. 송전탑의 자기장은 송전탑 주변 사람들의 삶에 큰 영향을 미친다. 주민들의 건강과 마을의 경관을 해쳐 삶의 질을 떨어뜨린다. 향후 주거지로서 아주 불리한 조건이 된다. 그리고 주민들이 소유한 재산의 가치도 상실하게 만든다. 이렇듯 송전탑의 자리는 마을 주민과 무관하게 타자에 의해서 그리고 타자를 위해서 불편한 자리이자 불안전한 자리가 되고 만다. 마을 주민들은 타지에 사는 타자를 위하여 자신의 자리를 빼앗기고서 그 자리를 온몸으로 지키거나 작은 보상을 받고 떠나고 있다.

정부와 전력회사는 주민들의 피해를 돈으로 보상하려 하지만, 주민들은 보상이 아니라 지속가능한 삶터를 요구하고 있다. 정부와 전력회사는 알량한 자본으로 마을 공동체를 이간질하고 주민들을 분열시켜 자신들의 목적을 관철하려 들기도 한다. 그 결과, 주민들은 타자가 던진 미

끼 때문에 서로 심하게 다툰다. 마을을 뜨려고 마음을 먹은 일부 주민은 가룟 유다처럼 마을을 전력회사에 통째로 팔아넘기고 싶어 한다. 그러나 설령 마을 주민들이 피해 보상을 받는다고 해도, 그들이 갈 곳은 마땅치 않다. 그곳을 떠나서 사는 경우, 더 큰 사회적 비용이 필요하고 농사를 지어 오던 그들의 삶의 질도 떨어지기 때문이다. 그리고 상대적으로 고령의 노인들이 또 다른 삶의 거처로 자리를 옮기는 것은 지나치게 큰 고통을 일으키기 때문이다. 그래서 주민들이 송전탑의 건설을 반대하는 것은 선택의 문제가 아니라 생존의 문제이다.

정부와 전력회사는 공권력으로 주민들을 협박한다. 국가의 이익이라는 논리로 주민들을 겁박한다. 송전탑 건설을 반대하는 주민들을 나라를 사랑하지 않는 사람들로 매도하기도 한다. 정부와 전력회사는 국가의 이익을 위하여 개인의 이익이나 권리는 포기할 줄 알아야 한다는 인식을 가지고 있다. 이런 생각은 전근대적인 사고이다. 국가적 가치를 개인 시민적 가치보다 우선시하는 것은 시대착오적이다. 현대사회에서 개인적 가치와 국가적 가치가 상충할 때, 국가적 가치가 개인적 가치를 침해할 수 없다는 것은 상식이기 때문이다. 정부와 전력회사는 공권력이 주민을 위할 때 가장 아름답게 빛날 수 있음을 알아야 한다.

송전탑의 자리는 단순히 주민과의 갈등 문제가 아니다. 여기에는 정치경제학적 논리가 숨어 있다. 송전탑이 세워지는 자리는 사람들이 적거나 농산어촌의 주민이 사는 곳이다. 이곳은 우리 사회에서 가장 힘이 없는 사람들이 거주하는 자리이다. 그래서 송전탑을 건설하려는 사람들은 주민들이 사회적, 정치적 약자임을 악용한다. 농산어촌 거주자이자 소수자인 마을 주민들은 정치권력 측면에서 도시민에, 그리고 사회적 권

출처: 환경운동연합

밀양 송전탑 건설을 반대하는 시민단체

력 측면에서 다수자에 밀리는 사람들이다. 송전탑을 지나가는 전기가 누구를 위한 것인가를 생각하면 그 논리는 더욱 간단하다. 송전탑의 건설로 이익을 보는 집단은 발전소나 송전탑에서 가장 멀리 떨어져 사는 도시민이나 공장을 가진 자본가 등이다. 농산어촌 지역의 마을 주민은 자신의 살과 뼈와 같은 고향 땅을 강제로 내놓게 된다. 주민의 입장에서 보면, 송전탑의 건설은 마을 주민의 이익이 아니라 마을에서 멀리 떨어져 사는, 즉 주민과 전혀 상관없는 자들의 안락한 삶을 위하여 자신의 자리를 강제로 빼앗기는 행위이다.

송전탑의 자리는 다른 곳의 송전탑 자리와 줄을 이어야 제 기능을 할 수 있다. 송전탑은 자리와 자리를 이어서 전기를 보내지만, 그 방향은 일방적이다. 전기는 오로지 발전소나 송전탑이 위치한 자리에서 도시나 산업단지의 방향으로만 통한다. 송전탑이 세워지거나 지나가는 곳의 사람들은 고려하지 않는 블랙박스와 같은 존재이다.

또한 송전탑의 이익도 일방적이다. 송전탑의 자리는 사회적 약자인 마을 주민들에게 일방적으로 피해를 준다. 더욱이 주민들은 자신들의 삶터에 지은 송전탑의 전기를 전혀 사용할 수도 없다. 이곳을 통과하는 전기는 지나치게 고압이기에 그곳 주민들에게는 그저 쓸모없는 존재일 뿐이다. 주민들은 도시 사람들을 위하여 자기희생을 감내하도록 강요받고 있다. 농산어촌을 지나는 송전탑은 마을 주민들에게 위압적인 존재로 삶의 질을 떨어뜨리지만, 도시를 통하는 송전탑과 고압의 전선은 지하도로 지나갈 확률이 높다. 고압의 송전탑이 도시민들의 삶의 질을 떨어뜨린다는 민원에 정부와 전력회사가 꼼짝을 못하기 때문이다. 그리고 다수의 주민이 거주하고 정치 권력이 큰 도시 주민의 목소리에 더욱 민감하게 반응하기 때문이다.

송전탑의 자리는 불평등한 강제 조약으로 볼 수 있다. 도시민이나 국가를 위하여 송전탑의 건설 자리에 사는 주민들의 희생을 동반하기 때문이다. 이는 다수를 위한 소수의 희생 정책이자 약자에 대한 저주이다. 송전탑 자리의 주민들은 권력을 가진 자들의 편안한 삶을 위하여 불평등을 강요받고 있다. 그리고 그 불평등은 송전탑이 철거될 때까지 거의 영구적인 지속성을 갖는다. 송전탑 건설은 한 번의 고통과 피해로 끝이 나지 않는다. 농산어촌의 산업 활동 특성상 주민들이 삶의 자리를 이동하여 생업을 지속할 수 없다. 송전탑은 같은 자리에서 지속적으로 작업을 수행하기에 주민들은 건강, 생산, 삶 등에서 누적적으로 피해를 보는 경향이 있다. 건강은 나빠지고 가축은 폐사하고 작물의 소출은 점점 더 감소하고 마을 사람들의 인심은 흉흉해진다. 주민들은 이런 불평등을 감수하며 살아가야 한다. 그래서 송전탑의 건설과 유지는 지속 가능성 측면과 누적 피해 측면에서 그 보상을 논해야 한다.

그러나 그 자리의 주민들이 사회적 약자이기에 상대적 강자인 정부와 전력회사를 상대로 협상을 제대로 할 수가 없다. 강자는 교묘한 법의 논리를 앞세워 영원한 침탈을 꾀한다. 여전히 강자는 자신의 불평등 협상을 정의롭지 못한 논리, 즉 '송전선을 철거하면 안정적 전력 공급이 불가능하다'(한겨레신문 2015년 12월 2일, 10면)는 주장을 한다. 이 말에는 대상이 빠져 있다. 이것이 제대로 된 말이 되려면, '송전선을 철거하면 도시민과 공장주에게 안정적 전력 공급이 불가능하다. 그러니 주민들이 피해를 감수해야 한다.'고 말해야 한다.

그러기에 송전탑 자리의 주민들을 위하여 사회의 뜻있는 자들이 도움을 주어야 한다. 국가와 강자가 그들의 행복 추구권과 재산권과 건강권을 침해하면, 이에 주민들이 당당히 맞설 수 있도록 도움을 주어야 한다. 주민들은 민주공화국인 대한민국에서 헌법에 보장된 권리를 보호받을 수 있기 때문이다. 이런 시각으로 송전탑을 바라보면, 송전탑의 자리를 남의 자리 혹은 다른 지역의 자리로만 볼 수는 없다. 송전탑과 같은 문제, 예를 들어, 성주 사드 배치 문제, 제주 강정마을 문제가 지극히 개인적이고 작은 존재인 나의 문제로 다가올 수도 있다. 그때를 대비해서, 즉 그때 나의 자리를 잘 보전하기 위해서라도 이런 문제를 나의 문제로 적극적으로 바라보고 참여할 필요가 있다.

어릴 적 송전탑은 아니지만, 마을 앞 들판 가운데 선을 늘어뜨리고서 서 있는 삼나무 전봇대를 본 적이 있다. 일제 강점기에 세워진 검은 기름을 먹인 삼나무 전봇대가 마징가 제트처럼 웅장하게 자리를 잡고 있었다. 전봇대에는 절연체인 하얀 애자가 달려 있었고, 전봇대에 귀를 대면 윙윙거리는 소리가 나곤 하였다. 그 소리가 신기할 때가 있었다. 그 소리가 고압 전류가 지나가며 발생하는 자기장 소리임을 뒤늦게 알았다. 그 소리로 인하여 고통 받는 자들이 있다는 것도 후에 알았다.

송전탑의 자리가 죽음의 자리에서 벗어나 삶의 자리가 될 수 있길 소망한다. 그 자리에서 사는 주민들의 삶을 보듬어 주고 배려하며 합의를 끌어내는 것은 불평등 협상을 평등 합의로, 일방적 추진에서 쌍방 상생으로, 일방적 수혜에서 쌍방의 호혜로, 지속 불가능성에서 지속가능성으로 세계를 바꾸는 데 모두가 적극적 주체로 나서는 일이다. 먼저 정부와 전력회사가 '내 형제 중에 가장 작은 자에게 행한 것이 내게 행한 것이니라'(마태복음 25장 40절)라는 정신으로 마을 주민을 대하는 자세가 중요하다. 때론 시간이 오래 걸리더라도 우리 국민을 대상으로 정책을 수행할 때는 사회적 합의가 우선되어야 한다.

팽목항: 나는 자리를 기억한다. 고로 역사적 존재이다.

꽃이 진다고 그대를 잊은 적 없다
별이 진다고 그대를 잊은 적 없다
그대를 만나러 팽목항으로 가는 길에는 아직 길이 없고
그대를 만나러 기차를 타고 가는 길에는 아직 선로가 없어도
오늘도 그대를 만나러 간다

-정호승, '꽃이 진다고 그대를 잊은 적 없다' 중에서

팽목항은 전남 진도의 남녘 끝에 자리 잡고 있다. 그곳은 세월호가 인양되기 전까지 세월호 참사 희생자의 분향소, 세월호 참사의 진실을 알고 싶은 국민들의 여망을 담은 시설, 플래카드, 구호, 방파제의 등대, 조형물 등을 품고 있었다. 박근혜 정부의 잘못된 대처로 세월호 참사의 아픔을 크게 겪은 만큼 국민의 상처와 분노는 크다. 세월호 참사가 발생한

지 벌써 사 년이 지났지만, 그 참사는 지금도 현재 진행형이다. 그 이유는 세월호를 인양한 후에도 박근혜 대통령의 일곱 시간 등 세월호에 대한 진실이 완전히 인양되지 않았기 때문이다. 세월호 사건은 우리 현대사에서 압축성장이 빚은 참사이자 우리의 위기관리 능력의 부재를 보여준 인재(人災)이다. 그럼에도 불구하고 세월호 사건이 터지자 정부보다 더욱 기민하고 똑똑한 시민들이 국민의 생명을 구하고, 희생자를 위로하고, 돕는 자를 도우려고 사고 현장에서 가장 가까운 항구인 팽목항으로 달려갔다.

팽목항은 세월호 사건이 발생하기 전에는 남도의 한적한 작은 포구였다. 전남 일대의 지역 주민 말고는 세상 사람들에게 이름조차도 생소하던 곳이었다. 팽목항은 바다 낚시꾼이나 인근 섬을 왕래하는 사람 정도나 알 만한 이름 없는 포구였다. 이곳은 포를 뜬 물고기를 바닷바람에 말리고 크고 작은 배들이 주변 섬으로 오가는 일상이 펼쳐지던 항구였다. 특별함이 별로 없던 그런 자리였다. 세월호 사건 이후 팽목항의 자리는 바뀌었다. 자리는 어떤 사건과 사고를 계기로 새로운 의미가 더해진다. 세월호 사건으로 하루아침에 팽목항은 슬픔과 분노와 기억과 처단과 용서와 그리움과 기다림과 도움과 순례의 자리가 되었다.

팽목항의 자리는 우리 현대사에서 비극적 사건인 세월호 침몰 사건의 현장이다. 그리고 그 사건으로 인하여 팽목항은 상징성을 띠게 되었다. 일상의 평범한 삶이 펼쳐지던 자리가 세월호 사건으로 상징적 의미를 지닌 자리가 되었다. 사람들은 사건과 사건이 발생한 자리를 동시에 기억한다. 사건에 의해서 자리가 각인되지만, 역으로 그 자리는 그곳에서 일어난 사건의 기억을 떠올리게 하거나 강화하는 기능을 한다. 사람들

팽목항의 모습과 상징물

은 자리에서 사건을 기억하면서도 사건 전부를 기억하지는 않는다. 사건을 자리로 대치시켜, 그 상징성을 중심으로 사건을 기억한다. 그래서 팽목항도 다의적 상징성을 가진 자리로 기억되고 있다. 팽목항의 자리를 다음과 같이 기억할 수도 있다.

> 물속으로 사라진 학생들의 영혼을 마냥 떠올리기만 했던 곳, 진도 팽목항 포구에 놓인 콘크리트 방파제 한 덩어리가 사진 속에서 말을 걸어온다. 숱한 죽음을 지켜보고 배웅한 방파제는 침묵하는 자신의 몸으로 1년여 전 포구에 아로새겨진 사람들의 상처들을 이야기한다. 사각진 몸덩어리 정면에 갈라지고 파인 숱한 홈들과 오랫동안 빗물이 흘러내리며 남긴 시커먼 수직의 얼룩들이 화자가 되는 것이다.
>
> -한겨레신문 2015년 11월 16일

자리에 대한 기억은 기억하는 주체에 따라서 다를 수 있다. 기억의 주체로서 개인도 사건을 기억한다. 개인은 사건의 자리에서 사건을 개인화해서 생각하고 감정이입한 후 주관화해서 체험하고, 잊혀 가는 기억을 재생시킨다. 이런 면에서 자리는 사건의 기억을 유지하는 기능을 한다. 기억해야 할 사건이 사회적 기억의 대상이 될 경우, 자리는 많은 기억의 장치와 시설을 갖춤으로써 사건에 대한 사람들의 기억을 오래 유지하도록 한다. 다시 말하면 '기억은 사회적이기도 하다. 어떤 기억은 차츰 사라지는 것이 허용된다. 즉 전혀 지원을 받지 못한다. 다른 기억은 이것, 저것을 표상하는 것으로 활성화된다. 기억이 구성되는 주요한 방식 중 하나는 장소의 생산을 통한 것이다. 기념비, 박물관, 특정 건물의 보존, 기념명판, 비문, 문화유산 구역으로 지정된 도시 근린 전체의 판촉이 기억을 장소화하는 사례이다'(팀 크레스웰, 심승희 역, 2012, 132-133).

여기서 팽목항도 예외가 아니다. 팽목항의 자리는 다양한 표상방식으로 세월호 사건을 장소화하고 있다. 팽목항의 입구에는 세월호를 담아내는 그림, 벽화, 부조물 등이 있고, 세월호의 진실 인양 구호, 노란 리본, 우체통, 의자, 등대 등이 기억을 낳고 있다, 이미 팽목항의 등대는 등대 이상의 상징성을 지닌다. 그래서 우리는 팽목항의 자리에 가면, 그곳이 보여 주는 각종 시설, 홍보물, 상징물 등을 통하여 자연스럽게 세월호 사건과 희생자를 기억할 것이다.

사건의 기억을 지닌 자리는 또한 의미의 공간이 된다. 세월호의 희생자를 기억하는 자리가 된 팽목항은 우리를 슬프게 하는 아픔의 자리이자 눈물의 자리이다. 왜 슬프냐고 물을 필요도 없고, 너무 슬퍼서 말을 잊지 못한다. 숙연한 분위기가 그곳을 지배하여 섣불리 웃고 즐기기에도 부담스럽다. 자리가 주는 기억과 나의 마음이 하나가 되면, 자리는 더욱 깊은 의미의 공간이 된다. 자리가 주는 의미의 강도는 개인적인 경험이나 사건과의 관계 정도에 따라서 달라질 수 있다. 반면 사건에 대한 개인적인 경험에 의해 의미 부여된 의미보다 사회적 경험에 의해 의미 부여된 의미는 세월과 함께 더 쉽게 옅어질 수 있다.

또한 팽목항은 정치적인 자리가 되기도 한다. 정치적인 자리는 사건의 정치화를 가져올 수 있다. 사건에 대한 의미 부여를 달가워하지 않는 집단도 존재할 수 있고, 사건의 자리가 집단적으로 기억되지 않길 바랄 수도 있다. 그럴 경우, 사건의 기억이 일찍 사라지길 바라는 사람과 그 기억을 확대재생산시켜 더 오랫동안 유지하고자 하는 사람 간의 갈등이 야기된다. 박근혜 정부는 세월호 사건을 시간과의 싸움으로 설정하였다. 세월호 사건과 사건의 자리인 팽목항을 국민의 기억에서 멀어지게 하려는 정책을 펼쳤다. 세월호 참사가 화석화된 기억으로 남길 바랐고, 박근혜 대통령과 무관한 사건으로 처리하려고 하였다.

그러나 박근혜 대통령의 탄핵으로, 팽목항의 자리에서 세월호의 기억을 지키려는 자가 기억을 지우려고 하는 자를 이겼다. 그래서 팽목항의 자리에서 세월호에 대한 '어떤 기억이 더 강화되며 어떤 기억이 더 이상 기억되지 않느냐의 문제는 정치적인 문제'(팀 크레스웰, 2012, 심승희 역, 139)이다. 그리고 사건의 자리인 팽목항은 우리가 '환기시켜야 할 기억이 어떤 기억인가에 대한 논쟁의 현장이 된다'(팀 크레스웰, 2012, 심승희 역, 139-140). 새로운 정부에서 세월호의 의문점을 해소해 나가면서, 우리는 용산 참사에서 그러했듯이 다시 한 번 세월호 사건에 대한 우리의 기억 능력을 시험하고 있다.

자리는 사건의 기억을 지닌 곳이지만 소시민들이 일상의 삶을 영위하는 곳이기도 하다. 우리는 사건의 기억을 현재화하고, 다시 그 사건의 현재 속에서 살아간다. 그러기에 자리는 그곳에서 살아가는 사람들에게는 다중적인 특성을 지닌다. 사건을 기억하고 자리를 찾는 사람과 그 자리에서 사건을 기억하며 살아가는 사람 사이에는 심리적 거리감이 존재한다. 사건의 자리를 찾는 사람은 사건의 기억을 재현하여 이를 상징적으로 해석하며 다가갈 가능성이 높다. 반면 그 자리에서 사는 사람은 사건의 기억을 넘어, 혹은 기억을 안은 채로 자신의 일상적이며 실존적인 삶을 꾸려 갈 것이다. 이를 팽목항에 적용하면 팽목항에서 살아가는 사람들은 세월호의 슬픔을 넘어 팽목항을 일상의 자리로 만들며 살아간다. 주민들에게 팽목항은 날마다 앞바다의 기상에 맞추어 삶을 살아가는 곳이다. 반면 이곳을 찾는 사람들은 팽목항을 통하여 대한민국의 정상화를 꾀한다.

팽목항은 슬픔의 자리이지만 소망의 자리이기도 하다. 세월호 참사로 돌아오지 못한 영혼의 죽음을 기리는 이곳은 슬픔의 자리이지만 그들의 죽음을 헛되지 않게 하기 위하여 새로운 소망을 꿈꾸는 자리이기도 하다. 사람은 지혜로운 존재여서 슬픔을 미래의 소망으로 잇대어 새로운 세상을 꿈꾼다. 세월호 참사가 일어난 원인을 찾아내고 책임자를 처벌하는 것으로 사건을 마무리하지 않는다. 팽목항을 이런 어처구니없는 사건이 다시는 발생하지 않기를 간절히 소망하는 자리로 만든다. 우리 사회 전반에 걸친 안전과 생명의 문제를 찾아서 이에 대한 대책을 마련한다. 세월호의 사건을 반면교사로 삼아서 우리 사회 전반을 되돌아보고 점검하는 계기로 삼는다. 그리고 또 다른 세월호 참사에서는 사람들이 살아올 수 있도록 제도와 법률과 사회적 안전장치를 구축한다. 팽목항은 우리의 안전 불감증으로 인한 참사가 다시는 일어나지 않길 바라는 자리이다. 이것이 팽목항을 죽은 자의 영혼을 진혼하는 자리를 뛰어넘어 그들의 부활을 소망하며 잠재적 희생자를 구원하는 자리로 만드는 방법이다.

세월호 참사는 우리 현대사에서 압축성장의 비극적인 사고였던 삼풍백화점과 성수대교의 붕괴보다 더 큰 슬픔을 안겨 준 사건이다. 이는 대한민국 압축성장의 역기능, 그 과정에서 동반된 비리의 산물이자 인간안전망의 부실과 사고를 수습하지 못한 정부의 무능력 등을 한꺼번에 보여 준 사건이다. 팽목항은 이를 고스란히 담아내고 기억하고 대변하는 자리이다. 그러나 팽목항은 우리 사회가 살 만한 곳이라는 희망을 주는 자리이기도 하다. 세월호 사건으로 야기된 비리, 대통령의 무관심, 정부의 무능, 공무원의 안전 불감증, 선장의 무책임 등이 우리를 슬프게 할지라도 팽목항은 우리에게 슬픔을 넘어 한 줄기 빛이 되어 준 곳이다. 팽목항을 가득 채웠던 자원봉사자, 응급구조사, 기도하는 사람, 봉사자를 돕는 봉사자 등에 대한 따뜻한 기억만으로도, 팽목항은 이미 소망의 자리가 되었다. 그래서 팽목항은 서로를 사랑하고 공동체를 형성하며 서로를 위안하는 곳이다.

자리에서는 끊임없이 사건이 일어난다. 그리고 자리의 사건은 긍정적으로든 부정적으로든 기억을 만든다. 그 기억은 의미체가 되어 자리를 상징으로 만든다. 지금도 우리는 자리의 상징성을 만들고 받아들이고 있다. 우리는 자리가 가진 상징성을 타자와 함께 나눈다. 자리가 가진 상징성을 나 아닌 다른 사람들과 공유하는 순간, 자리의 상징성은 기하급수적으로 확장되어 간다. 물론 자리의 상징성이 약해지면서 자리의 사건이 망각되기도 한다. 하지만 개인적 기억을 넘어서서 사회적 기억으로 자리매김을 하면 자리의 상징성은 더욱 크게 형성된다.

지금 팽목항은 하나의 자리로서 나의 실존적인 삶과 유기적으로 이어져 있다. 팽목항은 나의 삶과 무관한 자리가 아니라 나의 삶에 지대한 영향을 주고 있는 자리이다. 세월호 사건을 담고 있는 팽목항의 자리를 나의 사고와 나의 삶과 연계시키는 순간, 나는 세월호와 세월호를 기억하는 자리인 팽목항과 함께하는 것이다. 더 나아가 내가 인간답고 안전하게 살아갈 권리를 지닌 대한민국의 국민임을 알게 해 주고, 나를 포함한 국민을 지켜 내도록 국가에 요구할 수 있는 존재로 만들어 준다. 팽목항은 나를 나답게 만드는 메커니즘의 출발지점이 될 것이다. 팽목항은 내가 함께해야 할 자리이다. 팽목항의 자리를 기억하는 나는 역사가 될 것이다. 우리의 기억조차도 통제하려는 무도한 권력으로부터 나를 자유롭게 하고, 나를 나답게 만들어 줄 것이다. 나는 팽목항의 자리를 기억한다, 고로 나는 역사적 존재이다.

난민: 국제적 자리 이동을 원하는 사람들

Imagine there's no countries	국가가 없다고 상상해 봐요.
It isn't hard to do	그다지 어려운 일은 아니에요.
Nothing to kill or die for	그 때문에 서로 해치거나
And no religion too	목숨을 바칠 일도 없고,
Imagine all the people	종교도 없이
Living life in peace	모든 사람이 평화롭게 산다고
	상상해 봐요.

-존 레넌(John Lennon)의 'Imagine' 가사 중에서

세계 분쟁과 내전으로 난민이 증가하고 있다. 오늘날 난민은 세계적으로 약 6천만 명에 이르고 있어서, 난민과 우리의 삶을 떼어 놓고 세계정세를 말할 수 없을 정도가 되었다. 최근 시리아의 장기 내전과 지중해 일대의 보트피플 등으로 야기된 난민 문제에 세계의 관심이 집중되고 있

다. 특히 지중해 해변에 떠밀려 온 시리아의 3살배기 난민인 아이란 쿠르디(Ayran Kurdi)의 죽음은 온 세계를 슬프게 했다. 그는 시리아 난민의 대열에 오른 부모를 따라 새로운 곳, 유럽으로 이동하다가 죽음을 당하고 말았다. 시리아 내전으로 발생한 수백만의 시리아 난민은 시리아 인접국인 중동 아시아와 터키, 지중해 너머의 유럽 국가에 매우 큰 국제 문제를 일으키고 있다. 시리아 난민은 내전을 피하여 조국을 떠나 전쟁이 없는 새로운 곳으로 이동을 시도하고 있다. 그들은 조국 시리아에서 새로운 나라로 목숨을 걸고 떠나고 있다. 또한 아프리카를 떠난 보트피플도 지중해 바다를 건너 유럽으로 목숨을 건 탈출을 감행하고 있다.

난민(難民)의 사전적 정의는 '전쟁이나 이념 갈등으로 인해 발생한 재화(災禍)를 피하기 위하여 다른 나라나 다른 지방으로 가는 사람'이다. 난민 지위에 관한 협약은 1967년에 난민의정서를 통해 난민을 '인종, 종교, 국적, 특정 사회집단의 구성원 신분 또는 정치적 의견을 이유로 박해를 받을 우려가 있다는 충분한 근거가 있는 공포로 인하여 자신의 국적국(國籍國) 밖에 있는 자로서, 국적국의 보호를 받을 수 없거나 또는 그러한 공포로 인하여 국적국의 보호를 받는 것을 원하지 아니하는 자 또는 그러한 사건의 결과로 인하여 종전의 상주국(常住國) 밖에 있는 무국적자로서, 상주국에 돌아갈 수 없거나 또는 그러한 공포로 인하여 상주국으로 돌아가는 것을 원하지 아니하는 자'로 정의하였다.

또한 우리나라는 이 정의를 바탕으로 난민법 제2조 제1호에서 난민을 '인종, 종교, 국적, 특정 사회집단의 구성원인 신분 또는 정치적 견해를 이유로 박해를 받을 수 있다고 인정할 충분한 근거가 있는 공포로 인하여 국적국의 보호를 받을 수 없거나 보호받기를 원하지 아니하는 외국

스페인 마그리드시 중앙우체국에 걸린 난민 환영 현수막

인 또는 그러한 공포로 인하여 대한민국에 입국하기 전에 거주한 국가로 돌아갈 수 없거나 돌아가기를 원하지 아니하는 무국적자인 외국인을 말한다'로 규정하고 있다.

이런 정의로 보면, 난민은 정치적, 문화적, 경제적 등 다양한 국가 내의 폭력을 피하여 자신의 나라에서 타국으로의 이동을 원하는 사람이다. 이는 타자로 인하여 자신이 원하지 않는 국제 이동을 하는 사람을 의미한다. 난민 개념의 결정적 속성(critical attribute)은 국가에서 국가로의 이동, 폭력, 박해, 재해, 피난 등이다. 이처럼 난민의 속성은 '이동'과 '피난'이라는 지리적 측면과 '폭력', '박해', '재해'라는 원인적 측면을 담고 있다. 반면 범죄를 저지르고 해외로 도피하는 행위자는 난민이 될 수 없다. 난민은 불법 행위자까지는 포용하지 않는 개념이다.

난민은 삶의 자리의 국제적 이동을 소망한다. 자신이 원하지 않는 고통, 정치적 폭력, 전쟁, 내전, 이념, 이상기후 등으로 자국에서 삶을 영위하기 어려운 사람들이 자국에서 타국으로 국제적인 자리 이동을 원하는 것이다. 국가를 넘어서는 자리의 국제적 이동은 일반적으로 저개발 국가에서 선진 국가로, 전쟁터에서 평화의 땅으로, 재해지역에서 안전지대로 나아가는 행위이다. 난민들은 현지의 곤란한 삶에서 벗어나 자신과 자녀의 더 나은 미래의 삶을 위하여 기꺼이 탈출의 대열에 편입한다. 예를 들어, 한국 전쟁 당시 수많은 피난민이 북한에서 남한으로 인구 대이동을 하였듯이, 난민은 더 자유롭고, 더 잘 살고, 더 안전하고, 더 평화로운 곳으로 이동하고 싶어 한다.

난민의 국제적 자리 이동이 쉽지 않음은 시리아 난민사태가 잘 보여준다. 난민이 한 국가에서 다른 국가로 이동하는 데는 엄청나게 많은 장애물이 존재한다. 그중에서 가장 큰 장애물은 국경이다. 시리아 난민은 터키의 국경을 넘어야 한다. 그러나 터키는 국경을 꽉꽉 봉쇄하고 있다. 터키는 철조망과 무장 군인으로 국경을 넘어 이동하려는 시리아 난민을 막아서고 있다.

또한 시리아 난민은 그들을 가로막는 군인과 철조망이 없는 지중해를 건너 유럽으로 향하고 있다. 하지만 지중해는 난민에게 더 큰 시련을 예고해 줄 뿐이다. 난민들은 지중해를 건널 배가 없고, 힘들게 바다를 건넜다 해도 다시 유럽 국가의 국경을 넘어야 하는 이중고를 겪는다. 난민은 국경을 넘어서는 순간 지긋지긋한 내전으로부터 자유의 몸이 될 수 있다고 믿는다. 그러나 설령 난민들이 물리적 국경을 넘어서더라도, 그들이 안식처라고 믿는 곳에는 더 가혹한 심리적 국경과 차별의 국경이 기다리고 있음을 난민은 미처 알지 못하고 있다.

난민은 지리적 경계인이다. 가고 싶은 곳이 있어도 갈 곳은 없는 사람이다. 난민은 자신의 국가에서 얻은 지위를 포기하고 입국한 나라의 영주권을 얻어야 한다. 입국이 허용된 난민에게는 기존 사회에 적응해야 하는 또 다른 고단한 삶이 기다리고 있다. 타국으로의 입국에 성공한 난민은 지리적 경계인에서 다시 사회적 경계인으로 자리가 변한다. 국적은 있으나 국적이 없는 거나 마찬가지인 사람에게는 삶의 노정이 험난하다. 바다와 국경 등 죽을 고비를 넘기며 입국한 난민은 난민 집단 수용소에서 생활한 후 그 나라의 사회적 약자로 첫발을 내디디며 사회에 편입한다. 난민은 입국한 국가에서 차상위 이하의 계층을 이루며 그 나라의 국민들이 하기 싫어하는 허드렛일을 하며 살아갈 가능성이 아주 높다. 그래서 국제적 자리 이동을 한 난민에게 주변부의 삶은 필연적이다. 자국을 떠난 난민은 다문화 사회의 일원이 되어 글로벌 사회적 약자의 삶을 이어 갈 수밖에 없다.

유럽 각국은 시리아 난민을 받아들이는 데 인색하다. 어린 쿠르디의 죽음으로 세계 여론이 악화되자 최소한의 난민에게만 문호를 개방하고 있다. 유럽연합의 맏형 노릇을 하는 독일이 다른 나라보다 많은 시리아 난민의 입국을 허용하고 있으나 전체 난민 수에 비하면 턱없이 적은 숫자이다. 여전히 독일을 비롯한 유럽 국가들은 난민의 입국에 인색하다. 그 이유는 봇물 터지듯 밀려드는 난민이 자국에서 사회 문제를 일으키기 때문이다.

난민 입국자로 인하여 그 국가에 불어올 후폭풍이 만만치 않다. 유럽의 극우론자들은 자국과 자국민의 이익을 위하여 극단적인 민족주의를 부르짖고 있다. 난민으로 인한 국제적 분쟁이 국내의 갈등으로 확산되고 있다. 이렇듯 국제적 자리 이동은 국가가 감당할 정도를 넘기면 필연적으로 갈등을 야기한다. 이런 갈등을 해결하기 위해서는 강대국과 그 국민의 배려가 요구된다. 난민에 대한 배려는 난민에 대한 몰이해(沒理解)에서 이해로의 전환으로부터 시작된다. 세계시민으로서 난민을 공생의 존재로 인식하는 것과 함께 장기적으로 국가 생산성 향상에도 도움이 되는 존재라고 생각하는 것도 필요하다. 이런 자세는 글로벌 세계시민이 갖추어야 할 덕목이다.

지리적 경계인으로서 국제적 자리 이동을 하는 난민은 준비 없는 이주, 본국 귀환에 대한 불확실성, 자원의 고갈 상태에서 새로운 환경에의 진입이라는 특성(Anderson, 2004; 박순용, 2015, 8에서 재인용)을 보인다. 준비 없는 떠남은 내란, 전쟁 등의 긴박한 상황에서 발생한다. 그래서 난민은 재산, 살림살이 등을 챙겨서 떠날 여유가 없다. 난민의 대열에 낀 사람들은 자국에서도 저소득층일 확률이 높아서 겨우 몸만 가지고서 자리를 이동할 가능성이 높다. 더욱이 준비 없는 이주는 심리적 불안과 트라우마 등을 동반한다. 또한 난민은 본국으로 돌아갈 기약이 없다. 우리나라의 남북 이산가족이 60년 넘어서도 서로 오갈 수 없는 것이 이를 잘 보여 준다. 떠날 수는 있지만, 본국으로 돌아가기가 쉽지 않은 것이 난민의 신세이다. 어느 난민이나 떠날 때는 다시 돌아오리라 굳은 맹세를 하지만, 돌아가는 것은 내 맘 같지 않은 게 현실이다. 특히 이념의 벽이 존재할 때, 본국 귀환은 더욱 어렵게 된다. 난민은 자원이 고갈된 상태에서 낯선 환경으로 진입한다. 그야말로 아무것도 없는 상황이다. 자국에서 자신이 지녔던 학력, 지위, 직업, 부, 문화 등이 존중받지 못한다. 그래서 난민은 글로벌 약자가 된다.

난민은 이중적 약자, 즉 글로벌 약자이자 사회적 약자이다. 그러기에 세계는 난민의 삶의 문제에 관심을 가져야 한다. 세계가 난민의 삶에 관심을 가지는 것은 글로벌 시대의 책무이다. 이들의 삶의 조건에 관심을 두는 것이 글로벌 정의(global justice)를 실현하는 첫걸음이다. 난민을 외면하는 것은 글로벌 부정의(global injustice)이다. 하지만 단순히 글로벌 약자에게 시혜를 베푸는 것으로 접근해서는 안 된다. 글로벌 약자를 만든 메커니즘에는 강대국의 자기 이익 극대화가 큰 몫을 하고 있고, 사회적 강자의 안락한 삶은 저개발국의 희생을 토대로 하고 있기 때문이다. 그래서 강대국이자 선진국은 난민의 삶을 적극적으로 보호하고 배려하고 책임지려는 의식과 자세를 가져야 한다. 이것이 세계 정의의 실현으로 가는 길이자 세계시민 정신의 출발이기 때문이다.

이런 맥락에서, 우리는 인간 안보(human security)에 관심을 가져야 한다. 유럽 선진국들은 세계 여론에 밀려 겨우 생색을 내는 정도로 시리아 난민을 수용하고 있다. 이런 정책의 기저에는 국가 안보와 국가 이익이 우선이라는 생각이 짙게 깔려 있다. 개별 국가는 국가의 힘을 바탕으로 자국과 자국민의 배타적 권리를 우선적으로 주장한다. 그러나 이제는 국가 안보와 대등하게 인간 안보도 요구되고 있다. 인간으로서의 개인을 국가와 동격으로 보고, 개인의 안전·복지·자유를 중시하는 가치를 추구해야 한다. 인간으로서 개인은 육체적 안전, 기본적으로 필요한 식량, 자유, 인권, 경제적·사회적 권리를 갖는다. 이제 우리는 난민을 인간 안보의 개념으로 바라보아야 한다. 그럴 때, 난민에 대한 적극적인 해결책이 나올 수 있다. 하지만 여전히 세계 각국은 난민을 국가주의적 안보관으로 보고 있다. 난민을 보호해야 할 존재로 보기보다는 국가 안보를 위하여 배척해야 할 대상으로 보는 경향이 있다.

난민의 문제를 인간 안보의 관점으로 보고 이 문제를 해결하기 위해서는 강대국의 결정만 따를 수는 없다. 국제적 자리 이동을 감행하는 지리적 경계인의 문제를 해결하기 위해서는 유엔 등의 국제기구가 더욱 큰 억지력을 가질 필요가 있다. 국제기구가 국가와의 조정 기능을 수행하여 글로벌 약자를 위한 각종 대책을 제시하고 실천할 필요가 있다. 국제기구가 강대국의 이익 대변으로부터 완전히 벗어날 수 없을지라도, 현실적으로 국제기구는 글로벌 거버넌스(global governance)를 발휘할 수 있는 중요한 에이전트(agent)이기에 난민의 인간 안보를 실현하도록 노력해야 한다. 지금도 난민은 국경을 넘어 자리의 이동을 시도하고 있다. 세계가 난민의 시선으로 난민 문제를 다시 볼 수 있길 바란다.

생물 종의 다양성: 생태계의 자리 보존

식물과 대지, 식물과 식물, 식물과 동물 사이에는 절대 끊을 수 없는 친밀하고 필수적인 관계가 존재한다. 식물 역시 생명태를 구성하는 거대한 네트워크의 일부이다. 우리는 가끔 이런 관계를 교란시키는 선택을 하는데, 그렇다고 해도 한참 후 멀리 떨어진 곳에서 그 결과가 어떻게 나타날지 정신을 바짝 차리고 사려 깊게 생각해야 한다.

-레이첼 카슨, 김은령 역, 2003, 『침묵의 봄』, 95.

오늘도 전주시 도심 하천인 삼천(三川)의 하안도로(河岸道路)에서는 천연기념물인 수달이 힘겹게 도로를 가로지르다 로드킬을 당한다. 이곳의 수달은 동물이 도시에서 살아가는 데 얼마나 큰 어려움과 한계를 지니고 있는가를 죽음으로 보여 준다. 아니 그는 스스로 죽음으로써 자신들의 처지를 사람들에게 항변하고 있는지도 모르겠다. 인류의 탐욕으로 인한 도시 영역의 확장으로 지구상에서 동물의 서식 공간은 축소되거나 파괴되고 있다. 그래서 인류 역사는 지구상의 다양한 생물 종을 파괴해 가는 노정이라고 해도 과언이 아니다. 지구상에서 생물 종이 멸종되거나 멸종 위기에 처하도록 가장 많이 관여한 생물 종이 인류이기 때문이다. 지금도 우리가 기억조차 못 하는 수많은 생물 종이 멸종되거나 멸종 위기종이라는 이름으로 불리고 있다.

아마도 인류는 생태계의 과거 풍경에 대한 집단적 기억상실증을 앓고 있는지도 모른다. 생태계라는 시스템에서는 어느 한 종이 멸종하면 다른 종이 위기에 처하게 된다. 생태계는 희생과 생존이라는 틀에서 자연스레 다양한 종이 보존되는 체계이다. 하지만 어느 한 종의 가혹한 희생만을 강요할 때 생태계의 종 다양성은 무너지고 만다. 생태계 내의 최상위 포식자에게는 그 희생의 때가 지체되어 다가올 뿐이다. 인류는 파괴되고 있는 생태계 안에서 생명을 위태롭게 유지하면서도, 그 위태로움을 인식하지 못하고, 더 나아가 인류만은 안전할 것이라는 착각에 빠져 살고 있다.

지구 생태계에는 수많은 생물 종이 살고 있다. 생태계 안에서는 종마다 자신의 자리를 보존하기 위하여 치열한 삶을 영위하고 있다. 먹이사슬이라는 피할 수 없는 조물주의 창조질서 안에서 먹고 먹히면서 자신의 종을 유지한다. 그러나 최상위 포식자인 인류가 환경을 파괴하고 다른 생물 종을 남획하면서 생태계는 심하게 파괴되고 있다. 그리고 인류는 자신들이 생존하는 데 필요한 에너지양보다 더 많이 섭취하고 나아가 생존이 아닌 장식이나 부의 수단으로 생물 종을 남획함으로써 다른 생물 종들이 번식하거나 상호 공존할 수 있는 여유를 주지 않고 있다.

Samuel Kwon©한겨레 사진마을 열린작가

멸종위기 야생동물 삵

출처: 서남해환경센터

서남해환경센터에서 보호 중인 삵

즉, 인류는 생태계 내의 다른 종들이 살아갈 자리를 빼앗아 감으로써 지구 생태계를 위협하고 있다.

생태계 안에서 종의 다양성은 신의 창조질서이다. 지구상에 존재한다는 것은 그 존재만으로도 생태계에서 자신의 역할과 기능이 있음을 의미한다. 아메리카 인디언의 어느 추장은 '하늘은 아버지이고 땅은 어머니가 아닌가? 발이 달린 것이건 날개가 달린 것이건 뿌리가 있는 것이건 살아있는 모든 것은 그들의 자식이 아닌가?'(John G., 1932, 3; 김욱동, 2003, 204 재인용)라고 물었다. 역설적으로 지구상의 모든 만물, 즉 짐승이든 새든 식물이든 모든 것이 하늘 아래 소중한 존재이고 존중받아야 할 당위성이 있음을 웅변한 것이다. 지구 생태계의 모든 존재가 한 조상에서 창조되었으니 서로 존중해야 할 존재임을 말한다.

지구상의 모든 존재가 서로 동등한 자리에 있음을 인식하고 그 당위성을 인정하기 위해서는 땅의 윤리(land ethics)가 바뀌어야 한다. 즉, '땅의 윤리는 인류의 역할을 지구 공동체(the land-community)의 정복자로부터 지구의 한 시민이자 평범한 구성원으로 변화시킨다. 이것은 모든 지구 구성원에 대한 존중과 이들로 구성된 공동체에 대한 존중을 의미한다'(Aldo Leopold, 1987, 204). 이런 사고는 생태계에서 인류가 다양한 생물 종 중 하나이며, 인류가 아닌 다른 생물 종을 존중할 때 지구 생태계가 보존될 수 있다는 정신을 반영한다. 하지만 인류는 자신들을 다른 생물 종과 애써 분리하거나 우위에 있는 존재로 간주하고 있다. 호모하빌리스, 호모에렉투스, 호모사피엔스 등의 다양한 표현을 통하여 다른 종과의 구별짓기를 한다.

인류의 진화는 생태계에서 다른 종의 멸종을 가속하는 과정이다. 레오폴드는 『모래땅의 사계』에서 '한 종이 다른 종의 죽음을 애도하는 것은 하늘 아래 전에는 없었던 일이다.'라고 말했다. 종이 종의 죽음을 애도하는 것은 어느 종은 살아남아 자리를 보존하고, 어느 종은 죽음을 맞이하고 있음을 뜻한다. 애도를 표하는 종이 곧 인류이다. 그러나 지금 우리는 다른 종의 죽음에 대한 애도조차 하지 못하며 살고 있다. 서로 다른 종의 조화의 결과인 생물 종의 다양성은 다른 종의 생존을 전제로 한다. 종의 생존 없이는 그 어떤 조화도 이룰 수 없다. 하지만 인류는 생태계에서 다른 종의 자리를 빼앗아 버림으로써 생물 종의 단순화를 가져오는 우를 범하고 있다. 궁극적으로 인류만이 생물로서 살아남을 수 있다. 인류가 지구 생태계에서 유아독존할 수 있으나 모든 것을 잃는 결과를 낳을 것이다. 생태계에서 인류는 살아남은 모든 종의 공격을 받는 대상으로서의 자리를 가지게 될 것이다.

생태계에서 어느 한 종의 자리라도 인류에 의해서 사라지는 것은 다시 인류에게 재앙으로 되돌아올 것이다. 현재의 생물 종이 진화와 적자생존이라는 메커니즘을 통해서 존재하고 있을지라도, 이는 같은 종 안에서의 진화를 거듭한 것이지 새로운 종의 창조는 아니다. 적자생존과 진화라는 후천적인 과정을 통하여 변종이 되거나 이에 따르지 못함으로써 종의 도태가 일어날 수 있다. 그러나 인류가 그러하듯 타 생물 종이 인위적으로 간섭하여 다른 생물 종의 멸망을 가져오는 것은 그 어떤 정당성도 지니지 못한다. 생태계가 인류에게 그 어떤 종도 멸종시킬 수 있는 권한을 주지 않았기 때문이다.

생태계를 이루는 생물 종들은 각자 독자적인 존재이면서 서로 먹이사슬의 관계에 있다. 생태계의 먹이사슬 피라미드는 상위 포식자의 수를 적게 하고 상대적으로 하위 피포식자의 수를 많이 두어 안정적인 구조를 이룬다. 생태계에서는 최소한 상위 포식자에게 먹히는 개체 수보다 먹히지 않는 개체 수가 더 많이 존재하여 종의 생존이 가능하고 종의 자리가 유지될 수 있다. 생태계의 안정적인 구조는 근대 이후 과학기술의 발달, 도시화의 급속한 진전, 환경의 파괴 등으로 지속적으로 무너지고 있다. 이렇게 생태계의 파괴가 가속화됨으로써, 레이첼 카슨이 지적한 바와 같이, 지구 생태계에는 생명의 잉태가 없는 '침묵의 봄'이 올 수도 있다.

인류는 거침없이 파괴되고 있는 지구 생태계를 보전하기 위하여 '지속가능한 발전'이라는 개념을 도입하여 지구의 환경 문제를 해결하고자 노력하고 있다. 하지만 이 개념만으로는 지구 생태계를 구하기에 역부족이다. 이 개념은 '지속가능성'과 '발전'이라는 상호 모순적 관계에 있는 개념으로 구성되어 있다. 지구환경의 지속가능성은 현재의 상태를 유지하여 더 이상의 파괴를 막아 보려고 개발한 개념이지만, 여전히 인류는 지속가능성은 아랑곳하지 않고 삶의 질을 위한 '발전'의 개념에만 관심이 많다.

생태계의 보전을 위한 인류의 노력을 가장 많이 방해하는 집단은 잘사는 나라와 잘사는 계층이다. 현재의 자신과 자국의 삶을 유지하기 위하여 상대적 약자인 자연환경, 가난한 자와 가난한 나라를 착취하고 있다. 이로 인하여 소위 미국을 위시한 선진국들이 지구환경의 파괴를 가장 많이 자행한다. 그들은 지구환경의 보호에 대한 높은 인식을 하고 있지만, 지구 생태계 파괴의 주범이라는 야누스의 얼굴을 하고 있다. 다시 말하여 지구 생태계의 종 다양성을 가장 많이 해치면서, 아이러니하게도 지구환경의 중요성을 가장 많이 인식하는 집단이다. 이것은 두 얼굴을 가진 나라에만 우리의 미래를 맡길 수 없음에 대한 증거이다.

인류는 생태계 파괴의 주범이면서 과학기술로 파괴된 생태계를 복원할 수 있다고 자만하고 있다. 특히 환경 기술주의자는 인류가 과학기술의 발달로 생태계를 복원할 수 있다고 확신한다. 그나마 인류가 생태계의 생물 종 다양성, 즉 생물 종의 자리를 복원하고자 노력하는 점은 가상하다고 볼 수 있다. 인류는 위기의 생물 종에게 멸종위기종이라는 슬픈 이름을 붙여서 종의 보존에 마지막 안간힘을 쓰고 있다. 그리고 자연보호구역, 자연유산, 그린벨트, 람사르 협약, 도쿄 의정서 등으로 생물 종의 보호에 신경을 쓰고 있다.

생태계에서 식물 종의 보존은 동물 종의 보존보다 상대적으로 성과를 내기가 쉽다. 반면에 동물은 일정한 생존 범위를 필요로 하고, 특히 상위 포식자일수록 그 생존을 위한 생활 반경이 넓기 때문에 종의 보존이 쉽지 않다. 인류가 동물들의 생존 범주를 인정하지 못할 경우, 동물과 인류는 생활 지역이 겹치게 된다. 이럴 경우 누구에게 우선권을 주어야 할지를 결정해야 한다. 이때 의사결정의 기준이 중요한데, 그 기준은 상대적 약자이자 더 위험에 처한 생물에 대한 배려이다. 다소 인간의 생활에 피해가 있을지라도, 사회적으로 합의해 피해를 금액으로 보전해 줌으로써 다른 생물 종과 인류가 함께 살아갈 수 있도록 해야 한다. 동물종의 보존이 동물원이나 실험실의 유전인자로만 행해지는 것은 바람직하지 않다. 인류는 최첨단 과학기술로 멸종된 생물 종을 복원하여 생태계 안에서 그들에게 합당한 자리를 보장해 주어야 한다.

생태계 안에서 생물 종의 자리를 보존하는 일은 지구환경의 지속가능성을 유지하는 전제조건이다. 생물 종의 다양성이 보존되지 않으면, 인류의 지속가능성도 보장할 수 없기 때문이다. 지구 생태계에서 생물 종들이 적절한 먹이사슬의 관계를 형성할 때 인류도 지속될 수 있다. 인류는 지구 생태계의 지속성을 위하여 큰 노력을 하고 있다. 그 노력의 출발점은 인류가 아닌 다른 생물 종도 생존 권리가 있음을 인식하는 데 있다. 인류가 지구 생태계의 모든 생물 종이 종으로서 살아남아야 할 정당한 권리를 지니고 있음을 인정하는 것이 환경 정의의 시작이다. 지금 생태계에서 자리를 잃어 가는, 즉 멸종의 경계에 있는 생물 종에 대한 우리의 관심과 배려가 환경 생태계를 살리는 지름길이다. 그 길에 기꺼이 나서는 사람들이 아름답다.

제3장

자리로 보는 생활문화

길고양이: 반려동물로서의 자리를 잃은 존재

이 다음에 나는 고양이로 태어나리라.
윤기 잘잘 흐르는 까망 얼룩 고양이로
태어나리라.
사뿐사뿐 뛸 때면 커다란 까치 같고
공처럼 둥글릴 줄도 아는
작은 고양이로 태어나리라.
나는 툇마루에서 졸지 않으리라.
사기그릇의 우유도 핥지 않으리라.
가시덤풀 속을 누벼누벼
너른 벌판으로 나가리라.
거기서 들쥐와 뛰어놀리라.
배가 고프면 살금살금

참새떼를 덮치리라.

그들은 놀라 후닥닥 달아나겠지.

- 황인숙, '나는 고양이로 태어나리라' 중에서

고양이 하면 검은 고양이가 생각난다. '검은 고양이 네로! 네로!'라는 노래 가사도 생각난다. 늦은 밤 아파트의 어디에선가 들려오는 발정 난 고양이의 울음소리는 아기 울음소리와 닮아 무서움을 주기도 한다. 고양이는 영악한 동물이다. 어릴 적에 사람이 고양이를 해코지하면 그 집에 죽은 쥐나 생선을 물어다 놓아 보복을 한다는 말을 듣기도 했다. 또한 고양이의 눈은 호불호가 갈린다. 사람에 따라서 고양이의 째진 눈동자를 귀엽게 보기도 하고 혹은 무섭게 느끼기도 한다. 오래된 민화에서도 고양이가 자주 등장하는 것으로 보아 고양이는 옛날부터 우리의 삶과 밀접한 관련이 있는 것으로 보인다. 고양이와 관련된 말로는 덩샤오핑(鄧小平)의 '흑묘든 백묘든 쥐만 잡으면 된다'와 '고양이 앞에 쥐'라는 속담이 있다. 그리고 고양이는 생태계에서 '고양잇과'이고, 여기에는 호랑이, 사자, 표범, 삵 등이 속해 있다.

오늘날 도시사회에서 고양이는 인간의 삶에 매우 큰 영향을 주고 있다. 도시의 고양이는 자연과 인간의 경계를 허무는 데 크게 기여한다. 고양이는 인간의 세계에 들어온 자연이다. 고양이를 가까이 두고자 하는 사람들은 고양이를 집 안으로 들인다. 고양이가 집 안으로 들어온다는 것은 그가 자연 생태계로부터 인간 생태계로 진입함을 의미한다. 인간 세계로 들어온 고양이는 자연에서의 야생성(野生性)을 포기해야 한다. 아니 포기 당해야 한다. 집 안의 고양이는 생존을 위해서 자신의 먹고사는 문제를 주인한테 의지해 해결하는 대신 그가 가진 본능인 포획행위, 발톱, 발정, 울음소리 등을 포기해야 한다. 신이 고양이를 창조하면서 그에게 준 많은 것을 포기 당해야 하는 것이다. 또한 인간 세계로 들어온 고양이는 자신의 자유 본능을 잃어야 한다. 거리에서 자유를 즐기는 자처럼 맘껏 점프하며 담을 넘고, 발톱을 세워 쥐를 잡고, 늦은 밤에 눈에 불을 켜고 유유자적하며 거리를 행보하는 등의 원초적 본능을 내재한 유전인자도 내려놓아야 한다.

도시사회에서 집으로 들어온 고양이는 슬프다. 인간이 지배하는 세계에서 사람과 고양이의 관계는 종속적이기 때문이다. 고양이는 스스로 인간과의 종속적 관계를 단절할 만한 힘이 부족하다. 집으로 들어온 고양이는 사람의 품 안에서 그 존재 의미가 있다. 고양이가 인간 세계로 진입하는 순간, 그는 고양이다움을 잃고 인간다운 고양이로 정체성을 바꾸어 살아야 한다. 사람도 아닌 것이 사람처럼 애교를 떨고 대소변을 가려야 하는 등의 부자연스러움이 그의 삶에 끼어든다. 더욱이 그는 야합(野合)을 못하면서 종족 번식의 본능도 포기해야 한다. 집으로 들어온 고양이는 주인의 말을 잘 듣고, 거주자들과의 적당한 거리감을 두고, 집 안에서 자신이 필요한 때를 눈치껏 알아서 기고, 야생의 발톱 또한 드러내지 말아야 한다.

사람들은 집에서 고양이와의 동거를 인간과 자연의 조화라고 표현할지도 모르나, 고양이 입장에서는 이런 동거는 불공정 계약이며 주종관계의 부당한 강요로 볼 수 있다. 사람에게 인간다울 권리인 인권이 있듯이, 집에서 사는 고양이에게는 고양이다울 권리인 '고양이권'이 있다고 주장할 수 있다.

충남 무창포에서 만난 길고양이

허은경ⓒ한겨레 사진마을 열린작가

스페인의 길고양이

도시의 사람들은 야성의 본능을 가진 고양이를 원치 않는다. 오히려 그들은 길들여진 고양이를 원한다. 길들여진 고양이는 주인의 보호 아래 살면서 주인의 욕망을 충족해 주는 존재이다. 집으로 들어온 고양이를 좋은 말로는 반려동물이라고 하지만, 인간의 종속 동물이라는 표현이 더욱 적확할 게다. 집 안에서 주인은 고양이를 자식과 동등한 항렬로 부르지만, 종속 동물인 고양이가 주인 행세하는 순간 그는 길거리로 나앉게 된다. 또한 주인이 경제적 빈곤을 겪거나 다른 지역으로 이사 가는 등 안 좋은 상황에 직면하는 경우, 집 안의 고양이는 곧바로 항렬 및 동반자적 지위를 상실하고 만다. 거리로 나온 고양이는 온실 속의 화초 같은 반려동물에서 벗어나 적자생존과 약육강식이 난무하는 야생의 험한 삶의 현장에서 살아가야 한다. 편히 밥을 먹는 자리에서 길거리에서 얻어먹는 처지로 전락하고 만다. 집주인과 가족 구성원의 사랑을 많이 받은 고양이일수록, 길고양이로서의 삶은 더욱 처참할 수 있다.

도시에는 길고양이, 즉 유기묘(遺棄猫)가 많다. 유기묘는 버려진 고양이다. 길고양이는 주인으로부터 일방적으로 계약을 파기당한 고양이다.

인간 생태계 속의 고양이는 처음부터 주인과 일방적인 주종 관계였기에, 주인이 계약 파기의 의지를 갖는 순간 유기묘 신세가 된다. 도시에서 길고양이의 삶은 고단하다. 반려동물에서 유기 동물로의 지위 이동은 고양이의 자리가 하늘에서 땅으로 내려감을 의미한다. 고양이의 지위는 주인의 맘에 따라서 달라지는 두레박 신세이다.

거리로 나온 길고양이는 생존 투쟁을 해야 한다. 배불리 먹던 밥도 스스로 해결해야 한다. 날마다 한 끼의 먹을거리를 걱정하며 남의 것을 호시탐탐 노려야 한다. 비린 생선 냄새에 코를 킁킁거리며 자존감도 내려놓고 스타일도 망칠 수밖에 없다. 주인의 사랑 안에서 샴푸로 고운 털을 씻으며 목욕하던 기억들도 잊어야 한다. 도시의 길거리를 헤매고 다니면 아무도 반기지 않고 때로는 두려워한다. 심지어 지나가는 취객의 발길질에 때론 수모를 겪기도 한다. 또한 도시의 거리로 내몰린 길고양이는 자신이 버려진 존재임을 알고 우울증에 빠질 수도 있다. 버려진 길고양이일지라도, 그는 주인과 함께 한 세월의 행복한 기억을 가진 생명체이다. 길고양이가 가진 기억과 길거리에 내몰린 현실의 차이는 고양이에게 행복함과 편안함, 그리고 두려움과 서글픔을 동시에 가져와 우울증을 낳게 할 수 있다.

도시에 버려진 길고양이는 어두운 길, 건물의 틈새, 담장 아래 등에서 살아간다. 길고양이는 사람들의 시선으로부터 먼 곳, 보이지 않는 곳, 좁은 곳, 높은 곳, 손이 닿지 않는 곳 등에서 살아간다. 다시 말하여 도시의 안락한 자리가 아닌 위험한 자리에서 살아간다. 사람들의 차가운 시선으로부터 벗어난 곳에서 살아가는 것이다. 꼬리를 쑥 내려뜨리고서 힘없이 거리를 걷기도 한다. 도시의 길고양이는 거친 아파트, 공장, 공원,

쓰레기장 등에서 날마다 삶과 죽음의 경계에 서 있다. 고양이에게 도시의 생태계는 위험이 산재해 있는 현장이다. 거리로 나온 길고양이는 자동차 앞에 쥐 신세다. 날쌘 몸을 이용하여 이리저리 자동차를 피해 다니기도 하지만, 재수 없는 날엔 곧바로 로드킬을 당한다. 길고양이가 길거리에서 최후를 맞는 일은 비일비재하다. 그리고 도시 사람들은 길고양이의 개체 수를 줄이기 위하여 고양이에게 거세를 감행한다. 사람들은 지속해서 길고양이를 포획하여 거세하고, 다시 인간의 세계로 되돌려 보내기도 한다.

하지만 길고양이는 도시의 콘크리트와 아스팔트라는 거친 들판에 놀라운 적응력을 보인다. 거리로 나온 길고양이는 길들여진 고양이로서의 강요된 정체성에서 벗어나 자기 본능에 충실한 야성의 고양이로서의 자기 자리를 복원한다. 주인을 위해서 숨겨 둔 '고양잇과' 동물로서의 유전인자를 복원한다. 도시 생태계에서 고양이로서의 자기 본능의 복원 여부는 길고양이의 생존 여부를 결정한다. 도시 생태계에 적응하는 데 성공한 길고양이는 동물로서의 본능에 충실하며 살아갈 자유를 얻고 야성을 회복한다. 그들은 사람들의 시선에도 불구하고 당당히 야합을 감행하기도 한다. 도시의 후미진 곳에 잠자리를 틀고 생존할지라도, 도시를 어슬렁거리며 걷기도 하고 아파트 주변을 감히 배회하기도 한다. 마음대로 거리에서 똥을 싸며, 반려 고양이로서의 기품은 잊고 살아도 좋다. 이제 어느 인간을 위한 반려동물이 아닌, 지구 생태계의 당당한 야생동물로서 생을 살아간다.

도시 생활에 적응한 길고양이는 도시 생태계에서 최고의 포식자 반열에 오르는 영광을 누릴 수 있다. 도시의 포식자로서 자신보다 약한 동물을 지배할 수 있다. 길고양이라 거리에서 먹이를 먹는 신세이긴 하지만 도시의 모든 쥐를 고양이 앞에 쥐 신세로 만들 수 있다. 길고양이는 주인에게 아양을 떨며 살던 자리에서 벗어나 쥐를 호령하는 자리의 반열에 오른다. 광야에서 최고의 포식자로서 스스로 살아가며 자신의 운명을 개척해 간다. 이럴 경우 고양이는 당당한 길고양이가 된다. 길고양이는 주인과의 종속적 존재에서 벗어나 길 위에서 자존감을 가진 자율적 존재로 살아갈 수 있기 때문이다.

길고양이는 다시 집고양이로 되돌아가기도 한다. 그것이 행운인지 또 다른 구속인지는 그 고양이만 안다. 사람들은 도시의 유기묘를 다시 입양한다. 재입양이 된 고양이는 버려진 기억의 트라우마를 가지고서 또 다른 주인의 관심을 끌게 될 것이다. 반려동물로서의 자리를 다시 찾은 길고양이는 '길' 자를 떼고 고양이가 되어 다시 인간 생태계로 귀환한다. 재입양된 고양이는 버림받을 수 있는 자신의 존재와 버릴 수 있는 주인의 운명 사이에서 경계의 삶을 다시 살아간다.

고양이는 현대인의 삶에서 중요한 존재임이 틀림없다. 집주인과 동반자적 관계를 형성하며 서로 도움을 주는 고양이의 모습은 보기 좋다. 하지만 집주인의 맘이 바뀌어 길거리에 버려진 길고양이 수의 증가는 사회 문제가 되고 있다. 고양이와 함께 살자고 한 자도 인간이고 그를 길거리에 버린 자도 인간이기 때문에, 이것은 고양이가 책임질 문제가 아니다. 지금도 아파트나 길거리에서 길고양이를 쉽게 볼 수 있다. 이젠 길고양이를 버려진 불량한 존재로 보기보다는 생태계 안에서 함께 살아가는 존재로 여길 필요가 있다. 길고양이를 거리로 내몰린 잉여의 동물이 아니라 생태계에서 나의 삶을 지탱해 주는 필요한 동물로 인식을 전환해야 한다. 지금도 아파트 주차장을 배회하는 길고양이를 본다. 그는 자신의 꼬리를 살짝 내려놓고 사주경계를 하며 살포시 길거리를 걸어간다. 나도 애써 그를 모른 척하며 그의 앞을 지나간다. 그를 거리의 고양이가 아닌, 지구상에서 함께 생을 살아가는 존재로 생각하며 말이다.

힙합과 그라피티: 하위문화를 통한 젊은이의 해방

Right on, c'mon

what we got to say

power to the people no delay

make everybody see

In order to fight the powers that be

(…)

what have we got to say?

Fight the power

지금 당장, 어서

우리가 말해야 하는 것

사람들에게 권력을 주는 것을 늦추면 안 돼

모두 알도록 해

권력과 싸우기 위해

(…)

우리가 뭘 말해야 하니?

권력과 싸워

-퍼블릭 에너미(Public Enemy)의 'Fight the Power' 가사 중에서

홍대입구역 주변의 거리를 걷는다. 거리에는 식당, 옷가게, 술집, 카페, 게임방, 그리고 젊은이들로 가득하다. 화려한, 붐비는, 다양한, 현란한, 무질서한, 젊은, 도도한, 취한, 예쁜, 춤을 추는, 노래하는 경관이 거리를 지배한다. 그리고 지저분한, 더러운, 냄새 고약한, 담배를 피우는, 좁은, 낙서를 한, 미운, 질펀한 사랑을 하는 경관도 도로에 가득하다. 이런 거리를 생각 없이 걸으면서 생각을 한다. 그리고 들려오는 장단에 몸을 내주기도 한다. 그곳은 해방구이다. 나를 타자화시키기에 충분한 곳이다. 몸의 긴장과 마음의 무장을 풀고서 거리에 몸을 맡기며 해방을 감행한다. 하지만 나는 여전히 그 해방구를 관조할 뿐이다. 스스로 나 자신을 타자로 전락시키고 있다. 머리 속 의식은 해방이나 몸과 마음은 해방으로부터 정지되어 있다.

우리는 날마다 일탈을 꿈꾼다. 어른이나 아이나 할 것 없이 누구나 본능적으로 일탈을 꿈꾼다. 쳇바퀴 돌 듯 살아가는 삶의 자리로부터 벗어나고 싶은 욕망에서 비롯된 것일 거다. 특히 청소년 시기는 기존의 지배질서에 반항하는 시기로, 일탈에 대한 욕구가 어느 세대보다 크다. 청소년기는 전통적 가치에 대한 사회화와 이에 대한 반사회화가 대립하는

시기이다. 그 대립으로 인하여 청소년기에는 기성세대와 갈등을 겪는다. 청소년기의 갈등은 기성의 전통적 질서에 대한 반항 혹은 저항으로 표현되기도 한다. 하지만 반항과 저항이라는 말 자체는 이미 기존의 지배질서를 전제하고 있다. 청소년기의 문화 자체를 실존적인 것으로 인정하는 것이 필요하다. 일탈을 꿈꾸는 자들은 함께 모여 모종의 반란을 도모하면서 그 목적으로 춤추고 노래하고 거리를 질주하고 싸움도 한다. 그리고 일탈자들은 자신들만의 놀이를 동반한다. 그 놀이 중의 하나가 힙합(hiphop)이다.

> 그 매력의 기원은 '놀이'다. 힙합은 1970년대 미국 뉴욕 브롱크스 지역 빈민가에서 흑인들이 '놀다가' 만든 장르다. 누군가 음악을 선곡해 틀었고(디제이), 거기에 맞춰 춤을 추고(비보이), 정식 음악교육을 받지 못했기 때문에 멜로디 없이 자기 자랑을 하기 시작했고(랩), '이 구역은 내 거야'라며 스프레이로 표시(그라피티)를 한 것이 힙합이 된 것이다. 즉, 지극히 개인적인 놀이 개념에서 출발했기 때문에 감정을 억압당하고, 할 말을 못하고 사는 청년들에게 힙합이 '탈출구'가 될 수 있는 것이다.
>
> -한겨레신문 2016년 12월 1일

힙합은 주류문화에 반하는 하위문화(subculture)에서 시작한 문화이다. 미국 뉴욕의 브롱크스 빈민 지역에서 시작한 것이 이를 잘 말해 준다. 백인 주류사회에서 상대적 약자인 흑인 청소년들은 자신들의 처지를 반영한 놀이문화를 만들었다. 백인을 조롱하며 어른들을 비판하고

tkyoung©한겨레 사진마을 열린작가

비보이

영국 북아일랜드 벨파스트 지하보도의 그라피티

세상을 비난하며 그들의 생각과 관심을 세상에, 아니 자기 동네에 쏟아 놓았다. 분명 그들의 문화는 뒷골목, 가난한 자, 흑인, 학교 가기 싫은 학생 등 비주류의 하위문화이다.

그러나 이것은 상대적일 뿐이고 권력을 가진 자들이 붙인 딱지에 불과할 수 있다. 브롱크스의 힙합은 세상의 편견을 넘어 하위문화의 주류문화화를 불러일으켰다. 특히 힙합은 그 운율이 우리나라의 정서와 통하면서 많은 젊은이들이 힙합을 좋아한다. 힙합의 비트, 라임과 추임새는 놀이에 재미를 더하기에 충분하다. 힙합 문화는 춤이라는 비보이 동작과 음악이라는 랩을 중심으로 배틀을 하며 자웅을 겨룬다. 젊은이들은 서로 색다른 자신만의 기량을 선보이며 무료한 생활에 활기를 불어넣는다.

힙합을 즐기는 젊은이들이 노는 자리는 상대적으로 도시의 후미진 곳이 많다. 도시의 슬럼이나 철길이나 다리 밑이나 공장지대 등일 확률이 높다. 이런 곳에는 낙서할 장소도 많다. 경계를 구별하기 위하여 만든 높은 담, 철길을 이어 주는 철교의 기둥, 다리 밑의 벽면, 슬럼 지역 건물의 허술한 담벼락은 심심한 젊은이들에게 또 하나의 오락실이 될 수 있다. 그들은 그릴 수 있는 공간이 존재하는 곳에서 세상을 향해 낙서한다. 벽면마다 래커 스프레이로 거칠게, 때론 섬세하게, 때론 알 수 없는 글과 그림을 남긴다. 세상 밖에서 그린 그들의 낙서를 그라피티(graffiti)라고 부른다. 욕지거리, 불만, 불평, 풍자, 호소, 외설 등을 페인트로 거칠게 그려 놓는 행위와 표현물을 일컫는 말이다. 즉, 그라피티는 공공장소에 허락받지 않고 새긴 글씨나 그림으로서, 물질적이고 가시적인 흔적을 명시적으로 남기려는 시도이다(존 앤더슨, 이영민·이종희 역, 2013, 231).

비보이와 랩이 무형의 문화라면, 그라피티는 유형의 문화이다. 유형의 문화인 그라피티는 도시의 곳곳에서 흔하게 볼 수 있다. 우리나라의 그라피티 중 오래된 것은 골목길에 새겨진 '개조심', '소변금지' 등일 것이다. 일탈을 꿈꾸는 자들은 벽면에 래커 스프레이로 페인트칠을 하면서 휘발유의 냄새를 즐기기도 했을 것이다. 그라피티는 현대 도시 어느 곳에서나 볼 수 있는 경관이 되었다. 그라피티는 도시를 장식하는 한 장르가 되었다. 철길 너머 거친 삶을 표현하던 일탈문화가 도시경관을 주도하는 또 하나의 문화가 된 것이다. 뱅스키(Bansky)는 이를 '그라피티는 일반적으로 주목받지 못하는 이들의 목소리이다. 그것은 저항의 수단이 거의 아무것도 없는 상황에서 당신이 쓸 수 있는 최후의 도구라고 할 수 있다. 비록 당신이 그린 그림이 세계의 빈곤 문제를 해결할 수 있을 만큼 대단한 것은 아닐지언정, 소변을 보면서 그 그림을 보는 누군가를 웃길 수는 있을 것이다'(존 앤더슨, 이영민 · 이종희 역, 2013, 229)라고 표현하였다.

그라피티는 세상을 향하여 낙서하는 행위, 즉 글씨를 중심으로 하는 행위로 그림까지 더해져 다채로워지면서 그 가능성이 더욱 다양해졌다. 도시에는 다양한 계층이나 문화에 속한 사람들이 살아간다. 그들의 문화 취향이 저마다의 모습으로 도시에 표현된다. 전통적이고 고품격(?)을 자랑하는 도시의 박물관, 미술관, 갤러리 등에 전시되는 작품이 있긴 하지만, 청소년은 도시의 벽면을 캔버스 삼아서 본능적이고 관능적이며 즉흥적으로 자신의 감정과 생각과 구호를 세상에 던질 수 있다. 그라피티의 이런 즉흥적 행위와 메시지는 세상이 알아주지 않더라도 자신만의 카타르시스를 불러일으키는 장점이 있다.

그라피티를 통한 카타르시스의 꽃은 풍자와 해학이다. 거리의 벽면에다 세상의 주류집단에 대한 반항, 저항, 비판을 쏟아 낸다. 저항하는 자는 세상의 변혁을 꿈꾼다. 지배질서를 주도하는 자들, 즉 부자, 교육받은 자, 인종차별을 일삼는 자, 잘난 자, 갑질하는 자 등 그들만의 리그에 똥침을 날리는 행위이다. 그 행위가 때론 투박하고 거칠기도 하지만 거기에는 요즘 유행하는 말로 '사이다'와 같은 시원함이 있다. 세상의 부조리와 지배질서의 모순에 대해서 그들만의 방식으로 비판을 한다.

하지만 대부분의 그라피티 비판이 거대한 사회의 벽에 부딪히거나 그 반작용으로 더욱 힘들어지곤 한다. 휘갈겨 쓴 글씨와 그림은 도시의 미관을 해친다는 이유로 지워지거나 철거되기 일쑤다. 그래서 그들은 낮보다는 어두운 밤에 그라피티 행위를 한다. 그라피티를 그리는 자들은 어둠의 자식일지도 모른다. 그들은 어둠의 세계에서 어둠 그 자체를 즐길지도 모른다. 도시의 그늘진 자리에 그려진 그라피티의 세계는 청소년의 일탈을 세상에 외치는, 아니 그들의 힘든 삶을 눈여겨봐 주길 간절히 바라는 마음의 또 다른 표현일 수도 있다.

힙합과 그라피티의 공통점은 '허락받지 않음'과 '주목받지 못함'에 있다. 어른이나 지배자의 허락을 받지 않고 노는 데 매력이 있다. 누군가가 그어 준 줄이나 만들어 준 공간에서 제한받거나 길들여져서 노는 것을 거부한다. 그리고 주목받지 못한 자들이 서로 모여서 세상을 향해 목소리 높여 '소리! 질러봐!'라고 외친다. 여기에 누군가의 허락 따위는 중하지 않다고 말한다. 그러면 '뭐시 중한디?'라는 물음에 기꺼이 '그냥 이대로 즐겨 봐! 소리 질러 봐!'라고 짧은 답을 한다.

힙합과 그라피티는 '경계 없음'을 지향하면서 '경계 있음'을 추구한다.

힙합의 문화를 즐기는 자에게는 경계가 없는 반면, 어른, 주류, 지배, 질서 등과는 경계를 긋는다. 그들은 외부 질서를 경계하는 이단아이다. 경계 없음 안에서는 상호 해방을 즐기고, 경계 있음 안에서는 저항을 한다. 힙합과 그라피티는 해방과 저항의 이원방정식을 살갑게 그리고 처절하게 풀어내는 몸짓이다.

힙합과 그라피티는 거리의 질서에 대한 도전으로서, 젊은이들은 일탈을 통해 전통에 도전한다. 그들은 평범한 일상이 있는 자리를 자신들의 자리로 재탄생시켜 재장소화를 시도한다. 그곳에서 청소년들은 종합적 놀이를 통하여 자신들의 세계를 구축하기 위해 해방구를 만든다. 그들은 한자리에 모여서 춤을 추고 노래를 하고 그림을 그리기도 한다. 그들의 놀이로 대표되는 힙합비트, 노랫말, 글자, 그림에는 세상의 전통 가치, 지배질서, 제도 등에 대한 디스와 풍자와 비꼼이 있다.

청소년들의 해방은 그들을 하나의 섬으로 만들기도 하지만 그 해방을 즐기면서 세상에 전염시키기도 한다. 놀면서 세상에서 잠시 비켜서기도 하지만 놂 그 자체로 자신들의 존재 이유를 세상에 외친다. 비록 분주하고 경쟁 중심의 현대사회에서 낙오된 자로 낙인 찍히거나 오해를 받을지라도, 그들은 각박한 승자 독식의 세상에서 당당히 비켜선다. 하지만 현대사회는 그들에게 관용을 베풀 여유가 없다고 한다. 심지어 그들을 무시하거나 투명인간처럼 대하고 잉여 인간처럼 대하기도 한다.

힙합과 그라피티로 대표하는 하위문화가 제도화되기도 한다. 즉, 허락받지 않던 것이 허락받게 되는 것을 의미한다. 대표적인 것이 길거리 벽화이다. 요즘 흔하게 볼 수 있는 골목길이나 마을길의 벽면에 그려진 그림도 다름 아닌 제도화된 그라피티의 한 장르라고 볼 수 있다. 홍콩, 아일랜드, 통영, 부산 등에서 흔히 볼 수 있다. 그리고 힙합 경연대회도 자치단체가 주관하고 있다. 하위문화가 제도화되어서 좋기는 하지만, 하위문화는 실존적인 문화이기에 그대로 두어야 맛이 있다. 제도화는 곧 보여 줌, 의도, 관리, 통제, 효과 등을 따지게 되어 있다. 그들의 문화가 전시효과만을 노리는 자들의 먹잇감이 되지 않길 바랄 뿐이다.

청소년의 일탈문화는 주변적인 것일 수 있다. 그러나 관점을 달리하면 그것은 또 하나의 문화를 넘어서 대안적 문화를 보여 줄 수도 있다. 주변적인 문화에는 알을 깨는 시도들이 있다. 이런 행위는 고정관념과 같은, 일상화된 문화에서 벗어날 기회를 제공한다. 전혀 생각하지 못한 바를 보여 줄 수 있고 또 다른 가능성을 제시해줄 수 있다. 그래서 거기에는 창의성이 존재한다. 다른 관점과 사고로 세상을 접하게 하는 혁신적인 아이디어가 존재한다. 그것을 알아주는 사람과 알아주지 못하는 사람이 있을 뿐이다. 지금 도시의 어느 허름한 장소에서 행해지는 젊은이들의 춤, 낙서, 노래, 프리러닝 등을 세상을 바꿀 수 있는 몸짓으로 바라보는 여유로움을 즐기길 바란다.

집밥 신드롬: 밥상 자리에 대한 기억과 회복을 위한 몸짓

밥 먹자, 모든 하루는 끝났지만

밥 먹자, 모든 하루가 시작되었다

밥상에 올릴 배추 무 고추 정구지

남새밭에서 온종일 앉은걸음으로 풀 매고 들어와서

마당에 대고 뒤란에 대고

저녁밥 먹자

어머니가 소리치니

닭들이 횃대로 올라가고

감나무가 그늘을 끌어들였고

아침밥 먹자

어머니가 소리치니

볕이 처마 아래로 들어오고

연기가 굴뚝을 떠났다
숟가락질하다가 이따금 곁눈질하면
아내가 되어 있는 어머니를
어머니가 되어 있는 아내를
비로소 보게 되는 시간
아들딸이 밥투정을 하고
내가 반찬투정을 해도
아내는 말없이 매매 씹어 먹으니
애 늙은 남편이 어린 자식이 되고
어린 자식이 애 늙은 남편이 되도록
집 안으로 어스름이 스며들었다.

-하종오, '밥 먹자' 중에서

집밥이 대세이다. 우리는 집밥 신드롬(syndrome)에 빠져 있다. 이것은 집밥을 그리워하고 있거나 이를 먹고 싶다는 소망에 대한 증거이다. 우리 사회에 부는 집밥 신드롬은 자리에 대한 빈곤감에서 비롯되었는데, 특히 집밥을 열광하는 세대에서 찾아볼 수 있다. 집밥을 원하는 사람들은 직접 집밥을 차려 먹거나 집밥을 대신할 식당을 찾는다. 집밥 식당을 찾는 대상을 보면 집밥을 애타게 찾는 대상을 가늠할 수 있는데, '집밥 식당의 주 고객층은 20~30대의 학생과 직장인, 외식은 하고 싶지만 양식은 즐기지 않는 50~60대로 양극화돼 있다'(한국일보 2015년 7월 17일 18면). 이들이 집밥 증후군에 빠지게 된 배경에는 우리 사회에서 나타나는 가족 공동체의 해체 또는 기능 약화라는 사회적 요인이 있다.

집밥의 매력은 어머니의 손맛에 있다. 집밥 식당을 찾는 세대는 어머니의 추억을 가진 사람들이다. 어릴 적 학교에서 돌아오는 나를 기다려주고 따뜻한 밥을 지어 주시던 어머니의 모습을 기억하는 세대가 집밥에 열광하고 있다. 이 세대는 개발의 시대에 일하러 간 남편과 학교에서 돌아올 자녀를 기다리며 따스한 밥을 준비해 주시던 어머니를 기억한다. 아버지는 남편이라는 하늘 같은 존재로, 그리고 자녀들은 때로는 아버지보다 더 귀한 존재로 집밥을 맛있게 먹었던 기억이 있다. 집밥을 찾는 세대의 어머니는 세월과 함께 이제 늙거나 유명을 달리하셨지만, 우리의 몸은 어머니의 집밥을 기억하고 있다. 한때는 아내에게 어머니의 집밥을 당당히 요구하기도 하였으나, 이젠 그럴 처지도 못 된다. 우리 사회가 고도의 경제성장기를 지나 후기산업사회에 접어들면서, 집밥을 경험한 세대는 자신의 일자리를 후속 세대에게 내놓거나 밀려나면서 집에서 삼식이가 될 처지에 놓였기 때문이다. 아내에게 구차하게 집밥을 구걸하느니 집밥 비슷한 식당이라도 찾아가서 한 끼 식사를 해결하려고 한다.

또한 산업시대 고도성장의 혜택을 누리며 성장한 세대는 학교급식의 세대이다. 학창시절에는 유(무)상의 학교급식을 먹으며 학교에 다녔고, 직장에 취업한 후에는 구내식당이나 회사 인근의 식당을 순례하며 밥을 해결하고 있다. 특히 대학생은 불경기로 얇아진 부모님의 주머니 사정으로 학교식당 밥(학식)을 먹거나 MSG로 무장한 값싼 음식에 노출될 가능성이 높다. 이런 세대도 집밥을 그리워한다. 그러나 이 세대의 어머니는 바쁘다. 보통 이들의 어머니는 워킹맘으로서 자기 일을 하고 있어 가사를 돌보기에 역부족이다. 이들의 어머니에게는 때론 한 끼의 식사 준

비보다 쉼이 더 필요하기도 하다. 이럴 경우, 이 세대는 배달 음식에 익숙할 수도 있다. 우리는 배달의 민족(?)이어서 그 어느 곳의 어떤 종류의 밥도 배달할 준비가 되어 있고, '맞벌이 가구가 증가하고 '나홀로' 사는 1인 가구의 증가로 배달 음식 수요가 갈수록 늘고 있다'(경향신문 2015년 7월 18일 17면).

우리 사회에서 일고 있는 집밥 신드롬은 자리의 기억과 그 기억의 회복을 위한 몸부림이라고 볼 수 있다. 시대적 상황과 사회적 여건의 변화에 따라 어머니의 자리도 변화하였다. 산업 개발 시대의 어머니는 가족을 품어 주는 역할을 하였다. 어머니 자신보다 부모, 남편과 자녀를 우선시하며 묵묵히 주방의 자리를 지키고 가족 구성원에게 헌신하였다. 어머니는 주로 가족의 그림자로서 자기 역할을 하였다. 반면에 후기산업사회에서 어머니의 자리는 급속하게 변하였다. 어머니는 기존의 어머니 역할에다 워킹맘의 역할까지 하며 가정 경제에의 기여자로서 역할이 확장되었다. 후기산업사회의 높은 물가를 아버지 혼자 감당하기는 어려웠고 여성의 자아실현이 중요한 사회가 되었기 때문이다.

어머니는 집 안에서 집 밖으로, 가족의 그림자에서 사회의 주인공으로, 단순 기능자에서 복합 기능자로, 소극적 도우미에서 올라운드 플레이어로 역할과 기능을 확장하고 있다. 가정을 지키는 존재에서 가정을 도우면서도 자기실현을 하는 존재로 어머니의 위상이 변하였다. 이처럼 어머니의 자리 변동으로 가족 공동체는 집밥을 잃게 되었다. 이 세대는 그 잃어버린 것에 대한 열망으로 다시 집밥에 이끌리고 있다. 양적 풍요의 사회에서 벗어나 질적 행복의 사회를 갈망한다. 그 갈망의 정도를 알려 주는 지표가 바로 집밥이다.

집밥은 배달 음식이나 식당 음식의 반대편에 서 있다. 집밥은 질적 행복이 소소한 일상의 삶에 있음을 보여 준다. 집밥이 거창한 레스토랑 음식이나 비싼 호텔 음식은 아니지만, 여기에는 소소한 삶의 얘기가 담겨 있기에 사람들은 집밥에 매료당한다. 가정식 식당에서 밥을 먹는 것은 집밥을 먹지 못하는 것에 대한 대리만족의 행위이기도 하다. 우리는 행복의 출발이자 무너진 가정의 해결책으로 다시 밥상머리를 강조하고 있다. 작은 반상에서 머리를 맞대고 밥을 먹던 삶을 우리의 몸이 기억해 내고 있다. 고도산업사회에서 아이러니하게도 밥상 공동체의 회복을 시도하고 있다. 밥상에서 자기 자리에 앉아서 밥을 먹으며, 아니 밥알을 튕기면서 이야기꽃을 나누며 밥을 먹던 공동체를 꿈꾼다. 정신없이 바쁘게 살며 영혼 없이 만들어 파는 밥을 사 먹으면서도, 우리는 사랑이 넘치는 어머니의 밥상을 대하고 싶은 원초적 욕망을 드러낸다.

집밥은 각종 대중매체를 통하여 다시 살아나고 있다. 공중파 TV뿐만 아니라 CATV 등에서 방영하는 집밥 프로그램은 우리의 잃어버린 집밥에 대한 기억을 자극하고, 이를 먹고 싶도록 한다. 대중매체는 우리의 집밥을 정형화한다. 이런 정형화는 이상적인 집밥 혹은 집밥의 필수요소를 제시하는 경향이 있다.

집밥의 이상적인 조건은 무엇보다도 막 지은 밥이다. 과거 시골집의 가마솥 밥은 아니더라도 전기밥솥에서 막 지은 따뜻하면서도 고슬고슬한 밥이 중요하다. 이 밥은 한 식구(食口)로서 어머니나 아내가 지어 주기에 밥 이상의 존재이다. 아침부터 지어서 큰 전기 찜통 속에 수십 개의 밥그릇과 함께 담겨 있던 식당의 밥이 아니다. 다음으로 집밥에는 찌개가 있다. 된장찌개든 두부찌개든 김치찌개든 어느 것이어도 괜찮다. 집밥에서 찌개는 밥에 비해서는 부수적이기 때문이다. 하지만 찌개가 밥에 견주어지지는 않는다. 찌개는 어머니의 손맛을 가장 잘 드러내 주고 가정의 음식 정체성을 대표해 주기 때문이다. 우리의 입은 몸에 잠복해 있는 과거 어머니가 해 주던 찌개의 원형을 끄집어내 준다. 마지막으로 집밥에는 서너 가지의 반찬이 동반된다. 김치, 콩자반, 나물 무침 등이 대표적이다. 이런 밥의 조건이 집밥의 이상성을 보여 준다. 하지만 집밥에는 그 무엇보다도 어머니의 깊은 사랑이 담겨 있어야 한다. 어머니가 해 주신 집밥의 음식에는 식구를 위하여 만든 정(精)과 성(誠)이 필수적이다.

우리가 설정한 이상적인 집밥과 이의 이미지는 대중매체를 통하여 확대재생산되고 있다. 우리가 고대하고 꿈꾸고 회복하고 싶은 집밥의 아이콘을 만들어 집밥을 그리워하는 세대에게 전하고 있다. 대중매체를 통한 집밥의 확대재생산은 집밥을 먹는 사람에게나 먹지 못하는 사람에게나 집밥을 먹고 싶게 한다. 그리고 찡하고 감사하고 그리운 마음으로 집밥의 기억을 생각나게 한다. 사람들은 발 빠르게 집밥의 이미지를 상업화하여 우리 사회에서 집밥을 재현(再現)한다. 그렇게 재현된 경관이 집밥 가게이다. 집밥 가게들은 대중매체가 제시한 이상적인 집밥을 재현하지는 않더라도 저마다 곳곳에서 집밥의 가치를 실현하고자 집밥을 재현하고 있다. 어느 가게는 벌써 이상적인 집밥을 표준화하여 프랜차이즈 시스템으로, 어머니와 같이 정성을 담은 이상적인 집밥을 소비자들에게 팔고 있다.

집밥은 자본주의 사회에서 상업화되고 있다. 집밥을 찾는 사람들이 가정의 집밥을 대신할 수 있는 집밥 식당을 찾는다. 가정 공동체의 회복을 통하여 집밥이 주는 행복을 추구하는 것보다는 식당에서 파는 가정식 유사 집밥을 찾고 있다. 하지만 유사 집밥으로 대리만족은 할 수 있어도 여전히 밥상머리 자리의 공동체인 가정이 주는 집밥에 대한 욕구를 완전히 해결할 수는 없다. 자본주의의 자본, 전체주의 같은 급식, 생존경쟁의 대명사인 직장 생활의 피로감에서 벗어나 유년의 행복한 기억을 되찾고 싶지만, 우리의 집밥은 다시 상업적 자본화에 말려들고 있다. 그래서 여전히 우리는 집밥을 그리워할 수밖에 없다. 그것이 그리울수록 우리는 고독한 존재가 된다.

집밥의 열풍은 집에서 가족들과의 원초적인 공동체를 이루며 삶을 공유하고 싶다는 표현이다. 집밥은 가족 공동체에 대해서 많은 생각을 하게 한다. 집밥은 가족구성원을 밥상 공동체로 불러들여서 가족 공동체를 회복할 수 있게 한다. 가족의 밥상 공동체를 회복하기 위한 구체적인 방법은 가족 구성원이 어머니의 역할을 나누고 궁극적으로 이를 대체하는 것이다. 다자화되는 시대에는 가족 구성원이, 특히 남편과 자녀가 멀티 기능을 감당하여 어머니의 역할과 자리를 탄력적이며 유기적으로 대체해 주어야 한다. 남편과 자녀가 아내와 어머니만큼 요리 실력을 발휘할 수 없을지라도 시간을 내서 노력해야 한다. 가족 구성원이 가족 공동체의 일원으로서 자아 정체성을 재정립할 때, 가족 공동체는 기능을 다할 수 있다.

시대에 따라서 가족 공동체의 모습이 달라질 수 있지만, 가족은 가장 작은 단위의 공동체로서 그 역할과 기능을 다할 수밖에 없다. 현대사회에서 집밥의 문화라는 기억 코드를 보존해 줄 수 있는 공동체는 가족 공동체이다. 그리고 집밥의 경험을 기억하거나 회복하는 가족 공동체를 담는 그릇은 집이다. 집안에서 저마다의 역할을 공유하면서 집밥 신드롬을 극복하길 바란다. 그런 노력의 시작은 그 누구도 아닌 나임을 명심해야 한다.

집은 가족이 사는 공간이자 장소이다. 그리고 그 집에서 유·무형의 삶을 살아가는 작은 공동체가 가족이다. 가족은 집에서 사랑하고 기본적인 의식주를 영위하며 살아간다. 집은 원초적 삶이 이루어지는 자리이다. 집에서 사는 가족은 밥을 함께 먹는 공동체이다. 그래서 집밥은 우리의 삶을 이어 주는 매개체이고 가족 구성원을 하나 되게 한다. 집밥을 가정식 식당이나 가정식 백반이라는 유사 집밥으로 해결하는 것도 좋지만, 집에서 가족 구성원이 함께 집밥을 요리해서 먹는 기억 자체가 중요하다. 이렇게 가족 구성원이 함께 집밥을 먹는 장소인 집은 가족이 정서적 유대를 갖게 하는 장소애(場所愛, geo-piety)가 형성되는 곳이다. 지금 집에서 집밥을 먹고 있는 사람, 집밥을 먹은 기억을 가진 사람, 그리고 집밥을 기억하며 다시 먹고 싶은 사람 모두가 행복하다.

어느 집밥의 모습

집: 사적 공간을 위한 보금자리

> 내가 사는 집은 방이 열 개나 되는 커다란 한옥입니다. 마당 한가운데 내 허리 굵기의 후박나무가 잎을 드리우고 있어, 동네 사람들은 우리 집을 '후박나무 집'이라고 부릅니다.
> 가을이 되면 방방이 문풍지를 새로 붙여야 하고, 토방에서 봄볕을 쬐며 졸 수도 있지만, 비 오는 날엔 댓돌 위의 신발들을 토방 밑이라든지 부엌으로 들여놔야 하는, 여러분이 사는 집과는 좀 많이 다른 집이에요.
>
> -고은명, 2002, 『후박나무 우리 집』, 11

나는 집에서 잠을 잔다. 집에서 밥을 먹는다. 집에서 논다. 집에서 책을 본다. 집에서 대화한다. 집에서 텔레비전을 본다. 집에서 일한다. 집에서 싸운다. 집에서 사랑한다. 집에서 글을 쓴다. 집에서 출근한다. 집으로 퇴근한다. 이 모습들은 집에서 만나는 나의 일상이다. 이렇듯 집은 나의 일상적인 삶이 일어나고 그 삶을 담아내는 토대이다. 집은 인간의 기본생활인 의식주 중 주(住)에 해당한다.

집은 그리스어로 오이코스(oikos)이다. 오이코스는 '공적(公的) 영역으로서의 폴리스에 대비되는 사적(私的) 생활 단위로서의 집(household, house or family)을 의미한다. 고대 그리스의 도시국가들에서는 바로 이 오이코스가 사회의 기본 단위였다. 현대 사회학에선 오이코스를 사회적 그룹을 묘사하는 데에 사용하고 있다'(네이버 백과사전). 그리고 오이코스의 히브리어는 바이트이다. '구약성경에서 1,850번 이상 사용되고 있는 '바이트'의 기본적인 의미는 인간 거주지로서의 집이다. 여기에는 모든 형태의 거주지가 포함되는데, 천막과 같은 단순한 형태의 거주지(창 27:15)를 비롯하여 왕궁(왕상 7:1) 혹은 하나님의 성전(왕상 6:1)과 같이 정교하게 지어진 건축물도 '바이트'로 표현된다'(크리스찬 투데이 2015년 3월 4일). 이를 통해서 볼 때, 집은 건축물이자 가족이라는 사회집단을 의미한다.

집은 기본적으로 평면의 땅 위에 세운 3차원의 건축 구조물이다. 집은 담을 기준으로 소유 범위가 결정되고, 그 범위 내에서 타인으로부터 배타적 권리가 보장된다. 그래서 집은 사적 공간이다. 집은 사람을 품는 자리이다. 집에서는 사람이 주인이다. 그 자리에서 주인인 사람의 수많은 실존적인 삶, 즉 인생사의 희노애락애오욕(喜怒哀樂愛惡慾)이 일어난다. 집은 물리적 구조물 그 이상의 의미를 가진 자리이다. 그래서 피터 서머빌(Peter Sommerville)은 집의 의미를 7가지로 즉 보금자리, 난로, 마음, 사생활, 뿌리, 체류지, 낙원으로 정리하였다(질 밸런타인, 박경환 역, 2014, 103-104).

보금자리: 집은 자연으로부터 물리적 안전과 보호를 제공하는 물질적 구조다.

난로: 집은 따듯함, 편안함, 위로와 같은 느낌을 주며, 방문객에게 환영의 분위기를 제공한다.

마음: 집은 상호지지와 애정관계에 기초하고 있다. 곧 사랑, 감정, 행복, 안정의 위치다.

사생활: 사적 장소에 있다는 것은 집에 있다는 의미를 구성하는 핵심요소다.

뿌리: 집은 정체성과 의미로움의 원천이다.

체류지: 우리가 머무를 수 있는 모든 곳을 의미할 수 있다.

낙원: 집이 가지는 모든 긍정적인 특징이 이상화된 것으로 일종의 정신적 행복을 의미한다.

여기서 '보금자리, 체류지'는 집이 물리적 구조물임을 나타내며, '난로, 마음, 사생활, 뿌리, 낙원'은 집이 지니는 물리적 구조물 이상의 의미를 은유적으로 보여 준다. 주택 정책의 용어인 '보금자리론', '행복한 보금자리' 등은 집의 물리적 구조에 강조점을 두고 있고, 이곳에서 행복을 채울 수 있을지는 그 자리에서 사는 사람의 몫이다.

집이 건물 이상의 의미를 가질 수 있는지는 그곳에 사는 사람이 결정한다. 집은 거주하는 사람들로 구성되어 있어서 그 안에는 가족들의 사회적 관계가 존재한다. 여기에는 기본적인 사회집단으로서의 가족 구성원의 역할과 기능, 더 나아가 권력관계가 있다. 최근에는 가족 구성원도 전통적인 구조에서 벗어나 1인 가족에서 대가족까지 다양한 스펙트럼을 보인다. 가족도 작은 사회구성체이기에 서로의 역할과 기능을 다할 필요가 있다. 그리고 가부장 사회에서 집안의 권력은 남자이자 남편이었으나, 이 구조는 우리 사회가 만들어 낸 결과이다.

이에 대해서 페미니스트는 '공적인 것과 사적인 것이 각각 남성적, 여성적인 것으로 구성되었다는 점을 강조함으로써, 어떻게 공적 공간과 사적 공간이 각각 남성의 공간, 여성의 공간으로 생산되었는지를 설명하고, 나아가 여성이 남성에 대한 2차적인 타자로 간주되고 있다'(질 밸런타인, 박경환 역, 2014, 100)고 비판한다. 현대사회의 가족구조는 수평적 권력사회로 전환하고 있다. 가장이 이런 변화에 늦을수록 가족의 평화를 보장할 수 없다. 요즘에는 반려동물도 가족의 대열에 합류하면서 집안에서 높았던 남편의 권력 서열도 옛말이 되어 강아지와 서열을 다툴 지경이 되었다. 더 나아가 집안의 권력구조가 달라지면서 가사노동의 구조도 달라졌다.

안타깝게도 우리 사회에서 집은 소유의 대상이다. 집은 무한한 공공재가 아니어서 자본의 논리가 적용되는 대상이다. 집을 소유하는 데는 많은 자본이 필요하다. 집을 가지기 위하여 부단히 자본을 축적해야 한다. 그래서 집의 소유 여부와 그 크기 정도는 부의 척도가 되고 있다. 청년이 내 집을 소유하기 위해서는 많은 시간이 필요하다. 우스갯소리로, 요즘 젊은이가 결혼하려면 집과 자동차가 필요하다고 한다. 그러나 이들의 노력으로 그것들을 장만하기란 매우 어렵다. 자연스럽게 청년은 부모의 경제력에 크게 의존하게 된다. 요즘 같은 고물가 사회에서 신혼의 보금

성장기에 보금자리가 되어 준 시골 고향집

자리를 구하기는 너무 힘들다. 그 결과, 결혼해서 독립한 이후에 부모의 집으로 다시 들어가 사는 리터루(리턴 캥거루)족도 생기고 있다.

(자기 집이든 남의 집이든 간에) 집을 소유하지 못하여 무주택자가 되면 홈리스(homeless)가 된다. 우리나라 말로는 보통 거리에서 이슬을 맞으며 잠을 청한다는 의미를 가진 노숙(露宿)이라 부른다. 노숙을 개인의 무능력이라는 측면에서 볼 수도 있으나, 사실 빈곤의 결과이다. 빈곤은 개인적 차원을 넘어선 사회구조적 차원의 문제이다. 빈곤은 산업구조의 변화, 불경기의 장기화 등으로 발생한 실업의 결과이다. 그래서 노숙은 국가 사회적 문제로 국가가 책임지고 해결해야 할 과제이다.

집의 소유는 사적 공간의 보금자리를 마련한다는 것을 의미한다. 집은 나(우리)와 남(타자)을 구분해 줌으로써 사적 공간을 확보해 준다. 이런 집이라는 사적 공간의 확보는 나(우리)를 남(타자)과 구별해 줌으로써 남(타자)을 의식하지 않게 해 준다. 집은 집 밖의 긴장과 경쟁에서 벗어나 무장을 풀고서 여유를 즐길 수 있는, 나(우리)의 실효적 점유가 일어나는 곳이다. 그래서 집은 행복, 난로, 마음, 뿌리, 낙원이 되고, 이것들을 담보해 주는 곳이다.

아이들은 집의 실효적 점유를 가장 잘 활용하면서 삶을 살아가는 존재이다. 아이들에게 집, '그것은 당연히 정원의 깊숙한 곳이다. 그것은 당연히 다락방이고, 더 그럴듯하게는 다락방 한가운데 세워진 인디언 텐트이며, 아니면 부모의 커다란 침대이다. 거기서는 침대보 사이로 헤엄칠 수 있기 때문이다. 이 커다란 침대는 하늘이기도 하다. 스프링 위에서 뛰어오를 수 있기 때문이다. 그것은 숲이다. 거기서 숨을 수 있기 때문이다. 그것은 밤이다. 거기서 이불을 뒤집어쓰고 유령이 되기 때문이다. 그것은 마침내 쾌락이다. 부모가 돌아오면 혼날 것이기 때문이다'(미셸 푸코, 이상길 역, 2014, 13-14). 이렇듯 집은 아이들에게 삶이 이루어지는 자리다.

집은 배타와 공유의 사회학이 존재하는 곳이다. 집은 사생활을 보호해 주고 타인과의 적정한 상호작용을 유지해 주는 일정한 배타성이 있어야 진정 나의 공간이 될 수 있다. 그러나 인간은 사회적 동물이어서 배타적 공간인 집을 제한된 범위 내에서 타자와 공유해야 한다. 작은 사회적 공동체인 집에 사는 사람들은 집 밖의 사회, 그 사회의 구성원과 연계성을 가져야 한다. 집에는 타인과의 적정한 오버랩이 필요하다. 배타적 기능만을 고집하는 경우, 집은 세상과 분리된다. 집 밖의 타자와 상호작용하지 않는 집은 공유의 기능을 상실하여 폐쇄적인 공간이 된다. 극단적인 경우, 집은 그 폐쇄성과 자기 독점욕으로 인하여 폭력의 자리가 된다.

> 가족이라는 것은 아무도 침범할 수 없는 견고한 울타리 같은 거야. 그 안에서 일어나는 모든 일은 전적으로 사적인 영역이니까. 당연히 보호받아야 하고 침범당해서는 안 돼. 그런데 그런 폐쇄된 영역에서 힘이 센 한 사람이 힘이 약한 사람에게 폭력을 쓰자고 들면 힘이 약한 사람은 당하게 마련인 거야. 타인들이 볼 수 없는 장막 저쪽의 세계니까. 그게 부인이든 남편이든 혹은 아이든 노인이든
>
> -공지영, 2013, 『즐거운 우리집』

그래서 집에는 배타와 공유의 방정식이 있다. 집에서 배타성이 클수록 공유성이 작아질 것이고, 공유성이 클수록 배타성이 작아질 것이다. 원시 농경사회일수록 집의 공유성이, 반면 고도산업사회일수록 집의 배타성이 강할 것이다. 양극단의 배타와 공유에서 시작하는 것보다는 절반의 배타와 공유에서 출발하여 어느 정도의 방정식을 가지고 살지를 결정하는 것이 더 나을 듯하다.

아파트공화국인 우리나라에서 보금자리인 집을 한 채 갖기란 쉽지 않다. 아파트는 근대 산업화 이후 우리나라 집의 대명사가 되었다. 이 집은 층층이 쌓이고 다닥다닥 붙어 있어 그 속의 사람들이 독립적으로 살아가는 콘크리트 공동체 건물이다. 우리는 이 집 하나를 소유하기 위하여 오늘을 살고, 그 집에서 실존적인 삶을 살아간다. 세상이 엄혹해도 집은 보금자리가 되어야 한다. 집은 모든 사람이 누려야 하는 행복의 필요조건이어서 국가는 국민의 행복을 위하여 집의 공공성에 적극적으로 개입해야 한다. 그러기 위해서 집이 지나친 사적 소유의 대상이 되지 않도록 해야 한다. 그리고 집은 인간의 기본적인 삶을 보장해 주는 공기(公器)

가 되어야 한다.

어릴 적 불렀던 존 하워드 페인의 '즐거운 나의 집(Home, Sweet Home)' 동요가 생각난다. 이런 집을 다시 꿈꾸어 본다.

즐거운 곳에서는 날 오라 하여도, 내 쉴 곳은 작은 집, 내 집뿐이리.
내 나라 내 기쁨, 길이 쉴 곳도 꽃피고 새 우는 집, 내 집뿐이리.
오, 사랑! 나의 집 즐거운 나의 벗, 내 집뿐이리.

고요한 밤 달빛도 창 앞에 흐르면, 내 푸른 꿈길도 내 잊지 못하리.
저 맑은 바람아, 가을이 어디뇨, 벌레 우는 곳에 아기 별 눈 뜨네.
오, 사랑! 나의 집 즐거운 나의 벗, 내 집뿐이리.

장례식장: 산 자와 죽은 자의 경계에서 이별을 준비하는 자리

나 하늘로 돌아가리라
새벽빛 와 닿으면 스러지는
이슬 더불어 손에 손을 잡고,

나 하늘로 돌아가리라
노을빛 함께 단둘이서
기슭에서 놀다가 구름 손짓하면은,

나 하늘로 돌아가리라
아름다운 이 세상 소풍 끝내는 날,
가서, 아름다웠더라고 말하리라

-천상병, '귀천(歸天)'

계절의 변화와 함께 자주 찾아야 하는 곳 그러나 달갑지 않은 곳이 있다. 그곳은 바로 장례식장이다. 나는 교회의 장로, 친인척의 한 사람, 친구, 지인 등 다양한 존재자로서 이승의 삶을 마감하는 자를 위한 장례예식에 참여한다. 인간은 유한한 존재여서 그 누구도 피할 수 없는 것이 생로병사(生老病死)이다. 인간은 이승의 삶을 사는 동안 관혼상제(冠婚喪祭)라는 관습의 지배를 받는다. 이 중에서 관혼은 산 자를 위한 것이고, 상제는 죽은 자를 위한 것이다. 장례식과 관련이 있는 관습은 상(喪)이다.

우리는 모두 죽음으로 삶을 마감한다. 죽음을 대하는 사고나 태도는 사람들이 믿는 바에 따라서 다르다. 죽어도 죽지 않는 영생의 삶을 믿는 자가 있고, 죽어서 다시 또 다른 생명으로 이어진다고 믿는 자도 있다. 죽음을 어떤 방식으로 대하는지와 상관없이, 태어난 사람은 모두 죽는다. 그리고 죽는 자를 삶의 저편으로 보내는 것은 산 자의 몫이다. 산 자는 저마다 슬픔을 간직하면서 죽은 자가 이승의 세계를 마무리하는 의식을 치른다. 장례의식은 산 자가 죽은 자를 보내면서 마지막으로 인간의 예의를 다하는 행위이다. 자연스럽게 장례의식을 치르기 위해서는 장례의 자리가 필요하다.

장례의 자리는 사람이 사람을 보내는 곳으로, 시대에 따라서 변화해 왔다. 과거 불교의 시대에는 장례 자리가 사찰이었다. 윤회설을 믿는 귀족들에게 사찰은 망자를 위한 곡과 마지막 의식을 행하는 자리로서 최적의 자리였다. 장례의 자리가 사찰에서 집으로 전환된 시기는 대체로 고려 무신정권 이후로 본다. 무신집권기에 세속적인 장소인 집에 빈소를 마련하는 풍조가 등장하여 사찰에 빈소를 마련하는 관례를 대체하였다(박진훈, 2016, 33-34). 사찰에서 장례를 치르는 대신 집에 빈소를 마련하면 상대적으로 비용이 적게 들었기 때문이다.

도시화가 고도로 진행되기 전에는 죽은 자를 위한 장례의 자리는 주로 집이있다. 가정집에 차일(별가리개)을 치고 안방에 죽은 자를 모셔 장례 의식을 치렀다. 집은 죽은 자의 삶의 자리이자 마지막을 보내는 자리였다. 일반 주택은 마당 공간이 있어서 다수의 조문객을 한꺼번에 수용할 수 있었다. 다수의 조문객이 마당에 앉아서 산 자를 위로하고 죽은 자에 대한 기억을 공유하였다. 때로는 산 자의 슬픔을 덜어 주기 위하여 술을 마시고 웃고 놀아 주기도 하였다. 그래서 장례의식을 치르는 마당은 삶과 죽음과 축제와 슬픔을 담아내는 역할을 수행하였다.

산업화의 시대에 들어서면서 공동주택이 대중화되었다. 아파트는 한국사회 고도성장의 아이콘이자 한국사회를 대표하는 거주 공간이 되었다. 특히 아파트는 고층화되면서 한국의 도시 경관을 지배하는 전형적인 건축물이 되었다. 아파트는 주택을 수직적으로 고층화하여 공간적 제약을 극복하고자 하였다. 이는 사람들에게 삶의 공간을 대량으로 공급하려는 의도로 건축되었다. 그러기에 아파트는 산 자를 위한 공간이다. 죽은 자를 위한 자리로서는 불편한 곳이다. 아파트는 운구 등의 장례 의식을 치르는 데 큰 어려움이 있다.

이런 불편함을 극복하고자 등장한 것이 장례식장이다. 농업사회에서는 사람이 운명하는 자리가 주로 집이었던 반면, 도시 산업사회에서는 운명의 자리가 주로 병원이나 요양원이다. 이렇듯 현대사회에서는 사람들이 공용의 장소에서 삶을 마무리할 확률이 높다. 운명의 자리가 삶의 자리와 괴리될 가능성이 매우 높다. 그러니 장례의 자리도 삶의 자리와 분리되는 것은 당연한 경향이 되고 있다.

장례식장은 보통 운명의 자리인 병원 안에 위치하거나 병원 밖에 세워진다. 병원 안의 장례식장은 운명의 자리와 장례의 자리가 동일한 특성을 가진다. 병원 밖의 장례식장은 도시의 주변부에 위치하는 경향이 있다. 장례식장은 일종의 혐오시설이어서 민원이 상대적으로 적은 곳에 입지한다. 그래서 도시 주거 지역에서 멀리 떨어진 곳, 도시 외곽 지역, 한적한 곳에 입지한다. 장례식장은 한꺼번에 많은 조문객이 모이기에 넓은 주차장을 갖추어야 한다. 병원 장례식장의 경우, 병원 주차장을 활용한다.

이제 조문을 가면 대부분 장례식장으로 간다. 주택 양식과 죽음을 맞이하는 자리의 변화에 따라서 장례의 장소도 변화하였다. 장례 장소와 삶의 장소의 분리는 전통적인 장례의식의 변화에도 영향을 주었다. 공동체적인 삶을 영위하던 농업사회에서는 노제(路祭)라는 장례의식이 일반적이었다. 이 의식은 죽은 자가 생활의 자리와 마지막 이별을 고하는 행위이다. 삶의 자리와 죽음의 자리가 같은 사회에서는 죽은 자가 놀던 마을이나 일터를 돌아보며 이별을 고하는 의식을 행한다. 보통 노제는 삶의 공간과 죽음의 공간의 경계에서 시행된다. 죽은 자는 노제를 거치면서 삶의 공간에서 영원한 안식의 공간으로 들어선다. 그 경계 선상에서 죽은 자는 가족, 친구, 공동체 사람과 이별하면서 슬픔을 넘어선다. 그리고 그는 영원히 삶의 공간으로 돌아올 수 없다.

하지만 장례식장의 시대에는 특별한 망자의 장례식이 아니고는 노제를 거의 거행하지 않는다. 살던 곳과 죽은 자리가 분리되면서 노제의식이 사라진 것이다. 장례식장에서는 죽은 자를 삶의 공간에서 죽음의 공간으로, 즉 자리를 옮기면서 노제를 지내기가 쉽지 않다. 그것은 죽음의 공간에서 먼 거리를 이동하여 다시 삶의 공간으로 진입하기가 어렵기 때문이다. 공동체 문화에서는 죽은 자와 삶을 공유한 산 자가 망자를 기억하며 떠나보낼 수 있지만, 생활 공간과 작업 공간이 분리된 현대사회에서는 이 같은 의식을 수행하기가 현실적으로 어렵다. 아파트는 공동주택이긴 하지만 공동체적인 삶을 살아가는 주거 공간은 아니기에 죽은 자를 아파트로 들이기란 쉽지 않다.

그리고 장례의 자리가 변화하면서 죽은 자의 동선도 변한다. 공동체 사회에서는 삶터인 집을 떠나 마을 어귀를 지나 영면의 자리로 이동한다. 반면 장례식장 문화에서는 장례식장에서 영면의 자리로, 혹은 화장터로 갔다가 다시 납골묘나 추모관 등으로 이동한다. 장례의 장소와 문화가 변화하면서 영원한 삶을 영위하는 자리도 바뀌고 있다.

또한 죽음에 대한 의례도 변화한다. 장례는 죽음의 의식이다. 고대 이스라엘 사람들은 죽음을 땅과 조상들의 결합을 통해서 죽은 자와 산 자, 과거와 미래, 약속과 성취를 연결시키는 기억의 장치로 보았다(이은애, 2016, 144). 죽음을 기억의 장치로 보는 관점은 산 자와 죽은 자 사이의 관계와 의미를 연계시키는 행위로 장례를 받아들이는 것이다. 다시 말하여 죽은 자를 통하여 그를 기억하고 그와의 관계를 살펴보고 거기에 의미를 부여하는 행위이다. 특히 고대사회에서는 공동체가 사회적으로 동의한 전통과 의무의 표현이며 이 의례에 참석한 개인들은 죽음을 마주하고 죽은 자를 떠나보내는 의식을 통하여 삶과 죽음, 산 자와 죽은 자, 과거와 현재라는 외적 범주를 동시에 포괄하는 공통적인 공간과 시간을 공유하였다(이은애, 2016, 147).

장례식장

우리 사회가 공동체 사회에서 탈공동체 사회로 전환되고 있을지라도, 장례는 근본적으로 산 자가 죽은 자에 의미를 부여하고 그를 기억하는 행위임에는 변함이 없다. 그러나 현재의 장례는 장례식장에서 죽은 자를 매개로 산 자와 산 자 사이의 관계를 확인하는 행위로 강조되고 있다. 현재의 장례식장은 장례를 통하여 산 자 간의 사회적 관계망이나 권력관계를 강화하는 공간으로서의 역할을 수행한다. 때로는 장례식장을 죽은 자보다는 산 자의 출세나 권력 정도를 읽는 코드로, 즉 과시의 공간으로 인식하는 경향도 보인다. 죽은 자와 산 자 사이에 존재하는 슬픔이 산 자의 사회적 관계나 권력 정도에 의해서 압도당하기도 한다. 그래서 오늘날 장례의 자리는 산 자의 네트워크를 자랑하거나 확인하는 곳이 되고 있다. 곳곳에 흩어져 사는 사람들이 죽은 자를 위로하기보다는 산 자에게 얼굴도장을 찍으러 오는 경향이 높아지고 있다. 이동성이 좋은 현대사회는 공동체 사회보다 훨씬 넓은 관계 분포망을 형성하기에, 장례식장은 산 자들의 친밀함을 확인하거나 이해관계를 따지는 자리가 되고 있는 것이다.

더욱이 장례식장은 자본주의 삶을 반영하는 장소이다. 죽은 자를 기억하고 산 자를 위로하는 장례식장은 장례 공간을 제공하여 이윤을 추구하는 장소이기도 하다. 죽은 자를 매개로 산 자의 장례의식을 제공하는 장례 마케팅이 곳곳에 도사리고 있다. 이곳에서는 장례행위와, 산 자의 슬픔을 이용한 이윤 추구행위가 동시에 이루어진다. 그래서 삶과 죽음이라는 신성한 자리인 장례식장이 돈을 매개로 한 세속적 장소가 되고 있다. 오늘날 죽음의 자리가 장례식장으로 변하면서, 장례는 신성함보다 세속적 계산을 우선시하는 의식행위로 변하였다. 하지만 장례는 부지불식간에 찾아오기에 산 자는 장례에 대한 이성적 판단을 상실할 수 있다. 황망한 가운데 장례를 치르는 자는 어쩔 수 없이 큰 비용을 지불할 수밖에 없기에, 장례의식은 예나 지금이나 고비용 구조임에 틀림없다.

장례의 장소는 성(聖)과 속(俗)의 균형점에 서 있다. 성스러우면서도 속되지 않은 장례가 필요하다. 성에 속한 죽은 자와 속에 속한 산 자가 서로 균형을 잡아야 한다. 산 자는 속(俗)의 세계에서 죽은 자를 위하여 충분히 엄숙하면서 마땅히 예를 갖추어서 죽은 자를 성(聖)의 세계로 이동시키는 장례 의식을 치러야 한다. 즉, '산 자는 죽은 자의 죽은 영혼을 대면하면서 죽을 수밖에 없는 인간 존재의 운명을 기억하며 또한 죽은 자가 이미 오래전에 살다 죽은 조상에게 돌아간다고 말함으로써 살아 있는 자신 또한 장래에 그 조상들과 연합하리라는 것을 예측하게 된다. 이것은 죽음을 통해서 산 자와 죽은 자가 단절되는 것같이 보이지만 살아 있을 때의 관계가 죽음 이후에도 계속되고 유지된다는 믿음의 표현이며 그리하여 장례 의식은 죽음을 통해 살아남아 있는 자들의 공동체에게 인간 존재 자체와 죽은 자와의 지속적인 인간관계를 기억하게 하는 하나의 장치로서 작용한다'(이은애, 2016, 156-157).

장례는 속의 세상에서의 삶을 마치고 성의 세계로 가는 의식이다. 죽은 자가 산 자에게 자신의 자리를 내주는 의식이다. 산 자는 세상의 모든 죽은 자에게 예를 갖추어야 한다. 그는 산 자보다 더 성스러운 존재자가 되었기 때문이다.

제4장

자리로 보는 울퉁불퉁한 세상

동선動線: 자리를 지배하여 사람을 잡아 둔다

사람과 물자는 이동하여 한곳에 모인다. 사람과 물자가 모이는 자리는 하나의 점(point)이다. 점은 홀로 존재할 수 없다. 점은 선(line)으로 또 다른 점과 이어진다. 자리와 자리를 이어 주는 선은 그 모양과 종류가 다양하다. 그 대표적인 선이 길(way)이다. 길의 사전적 정의는 '사람·짐승·배·차·비행기 등이 오고 가는 공간'이다. 자리는 길과 결합하여 그 영향력을 확대재생산한다. 그러나 자리가 아무 길로나 연계되지는 않는다. 사람은 가능한 한 편리하고 비용이 적게 드는 길을 만들어 자리와 자리를 연결해 놓는다. 자리와 자리의 상호작용 정도에 따라 그 길의 규모가 달라진다. 그리고 현대사회에서는 눈에 보이지 않는 길도 많다. 전기, 통신, 금융 등의 길이 대표적인 사례이다. 고도산업사회로 갈수록 보이는 길도 중요하지만 보이지 않는 길이 더 큰 영향력을 가지기도 한다.

한편 사람은 길을 만들고, 그 길에 자리를 잡기도 한다. 길 위에 자리를 잡은 사람은 길을 지나가는 사람들을 붙잡아서 삶을 이어 가기도 한다. 예를 들어, 길 위의 상인들은 길에 자리를 잡고 고객을 부른다. 구매자들은 자리를 잡고서 물건을 파는 상인에게 물건을 사서 만족을 얻는다. 새벽시장의 모습은 이를 잘 보여 준다. 이른 새벽 전주의 남부시장을 종종 들르곤 하는데, 시장과 그 주변은 새벽 6시쯤에 이미 사람들로 만원이다. 시장 상인들은 저마다 가게 문을 열어 두고서 새벽을 깨우는 고객을 맞이한다. 일부 잡화점이나 생활용품 가게를 제외한 모든 가게는 문을 열고 손님들을 기다리고 있다. 새벽시장에서 가장 분주한 자리는 야채 상인의 가게이다. 그곳에서는 무, 파, 고추, 배추, 콩나물 등을 판다. 새벽시장은 아침 식단에 오를 채소들을 사려는 부지런한 고객들로 그야말로 문전성시를 이룬다.

전통시장의 주변에는 가게 자리 없이 물건을 파는 상인들이 있다. 아이러니하게도 가게 자리가 없는 상인들이 자리한 가판대(街販臺)는 새벽시장을 사람 사는 곳으로 생기 넘치게 해 주는 묘한 힘이 있다. 가판대는 길을 따라서 형성된 길거리 가게이다. 가판 주인은 행인들이 오가는 길에 자리를 잡고서 길거리를 자신의 임시 가게로 만들어 이용한다. 가판대는 여느 전통시장 주변이나 지하철역 입구 등 사람 많은 곳에서 쉽게 볼 수 있다.

가판대는 노점이다. 노점은 자리가 상인의 하루 수입을 좌우한다. 특히 전주 남부시장 옆의 전주천 천변 도로와 매곡교(梅谷橋) 위에 가판대가 줄지어 있는 경관은 인상적이다. 길거리 상인들은 붉은 대야나 길바닥에 깔아 둔 골판지 위에 팔 물건들을 진열해 놓는다. 그들은 가판대 앞을 지나는 손님들의 시선을 잡으려고 안간힘을 쓴다. 전주의 남부시장 건너편의 전주 천변에 자리한 가판 자리는 하천으로 들어가는 입구나 진입 도로의 입구에 집중되어 있다. 노점상들은 길의 양쪽에 도열하여 보따리 상품들을 풀어 놓고 물건을 판다. 그들은 고수부지의 산책로를 따라 모여서 노점을 형성하고 있다. 거리 가게들의 자리는 사람들의 (이)동선을 따라서 길게 늘어서 있다.

노점상들은 자리싸움을 치열하게 하는데, 그것은 자리가 곧 돈이기 때문이다. 노점상들은 돈을 벌려고 길거리 시장에 나왔기에 돈벌이가 잘 되는 자리를 양보할 수 없다. 그렇다고 길거리 상인들이 무턱대고 서로 몸싸움을 하지는 않는다. 거기에도 질서가 있기 때문이다. 먼저 자리를 잡은 사람이 자리의 임자여서 길거리의 좋은 목을 차지한다. 보통 노점들은 이른 새벽에 반짝 시장을 형성하기에 이를 도깨비시장이라고도 부른다. 노점의 규모가 점점 커지면서 노점의 영업시간도 길어지고 있다. 노점상들은 물건을 팔기 위해 아침 시간에 분주한 듯 빠른 걸음으로 지나가는 사람들을 대상으로 호객 행위를 한다. 돈벌이가 되는 새벽시장의 자리는 중요한 삶의 현장이다.

자리는 건물 내의 상점에도 있는데, 그 대표적인 사례가 백화점이다. 백화점 건물 내에는 다양한 입주 상점과, 상점으로 고객을 안내해 주는 통로, 이동수단이 있다. 백화점 내의 이동수단은 고객의 동선을 만들어 주면서 동시에 동선을 결정한다. 특히 백화점이나 대형마트 등에서는 층간을 이어 주는 동선이 중요한데, 그 동선의 이동장치가 에스컬레이터와 승강기이다. 이 중에서도 손님들의 동선을 사로잡는 것은 에스컬레이터이다. 고객은 에스컬레이터가 올라가고 내려가는 방향에 맞추어서 동선을 따를 수밖에 없다. 에스컬레이터가 한 방향으로만 운행되지

전주 남부시장 주변의 새벽시장

강종식©한겨레 사진마을 열린사진가

강화도의 시장 풍경

는 않는다. 어느 층에서는 운행 방향을 반대로 하여 고객들이 돌아가도록 불편한 동선을 유도하기도 한다. 이럴 경우, 층간의 상점들을 이어 주는 연계통로인 에스컬레이터의 동선에서 사람들의 시선을 먼저, 그리고 많이 잡는 곳에 자리를 잡은 상점이 좋은 가게 터가 될 것이다.

백화점에서 사람들은 이동 중에 멈춘다. 사람이 발걸음을 멈춘다는 것은 상점의 물건을 둘러본다는 것을 의미한다. 이는 곧 잠재적 고객이 될 확률이 매우 높다는 말이다. 보통 직원의 설득력 있는 언변에도, 고객은 "다른 곳도 한번 둘러보고 올게요!"라고 답하곤 한다. 그리고 통로를 돌아 다른 곳의 상점을 순회한다. 특정 상점을 정하지 않은 손님은 첫 번째 만난 상점에서 맘에 드는 물건이 있으면, 다른 매장은 그냥 건성으로 돌아볼 확률이 높다. 첫인상을 준 상품이 이미 머릿속의 인지 구조를 지배하고 있기 때문이다. 그래서 가끔 백화점에 가 보면, 매장의 자리가 바뀌어 있는 것을 볼 수 있다. 매장의 자리가 돈을 벌 확률을 결정하기에, 매장의 자리를 바꾸어 특정 매장만 상대적으로 높은 소득을 올리는 것을 방지하려는 것이다.

또한 우리는 고속도로 휴게소에 자주 간다. 고속도로 휴게소에 가는 주요 목적은 운전하다가 중간에 휴식을 취하고 화장실을 가거나 식사나 군것질을 하기 위해서이다. 이 중에서도 가장 중요한 일은 휴게소에서 화장실에 가는 것이다. 하지만 이곳에서도 의도적으로 우리의 동선을 유도하여 마케팅한다. 보통 휴게소 건물에서 화장실의 자리는 주차장 중앙에서 먼 곳에 있다. 대중교통을 이용하는 경우, 화장실의 위치는 더욱 멀 수 있는데, 고속버스의 주차 위치는 휴게소의 가운데에 위치해 있기 때문이다. 이처럼 휴게소에서 화장실을 먼 곳에 둔 것은 사람들의 동선을 길게 하기 위해서이다. 먼 곳에 위치한 화장실에 가면서, 그리고 다시 차로 되돌아가면서 간이음식점, 커피전문점, 식당, 편의점 등을 거치도록 동선을 설계해 두었다. 사람들이 휴게소에서 꼭 필요한 생리적 활동을 하는 것을 불편하게 하여, 사업자의 이익을 최대로 추구할 수 있도록 자리를 배치한 것이다. 휴게소는 화장실이라는 장소를 손님들에게 무료로 제공하지만, 휴게소 시설을 의도적으로 배치하여 결국에는 비용을 지출하도록 유도한다. 휴게소에서는 우리의 동선을 유도할 수 있는 곳에 상점의 자리를 잡아 두고서 우리의 시선과 발걸음을 멈추게 한다. 이렇듯 동선 마케팅 안에는 자리 배치를 통한 이익의 극대화 전략이 숨어 있다.

고객의 동선은 마케팅에서 매우 중요한 고려 요인이다. 자리를 이어주는 동선은 사람을 모으기도 하고 흩어지게도 한다. 사람들이 모이는 동선에 위치한 자리는 좋은 자리임에 틀림없다. 사람들을 모으기에 좋은 자리는 돈을 벌 확률이 높다. 건물주는 그 자리에 상대적으로 높은 자릿세를 내도록 한다. 그래서 이런 자리는 가게 임대료가 비싸다. 상인은 돈을 벌어야 하기에 좋은 자리를 찾고, 주인은 수요가 많으니 임대료를 높게 받는다. 하지만 높은 임대료는 수익을 감소시키는 요인이 되기도 한다. 동선을 아는 것은 자리를 아는 것이고, 이는 곧 돈이 되는 길을 아는 것이다. 그러나 상점 주인이 모든 사람의 동선을 제대로 알기란 쉽지 않다. 사람마다 선호, 감정, 주관 등이 모두 다르기에 그렇다.

사람들은 저마다 자신들이 주체적으로 동선을 잡아서 움직인다고 생각한다. 하지만 고도의 상점 설계자들은 사람들을 일정한 방향으로 유도할 수 있도록 동선을 설계한다. 마케팅을 목적으로 사람들을 일정한 방향으로 또는 순차적으로 이동하도록 공간을 배치한다. 이런 설계자의 의도적인 장치들은 구매자들에게 큰 영향을 줄 수 있다. 이럴 경우, 공급자의 동선 배치에 꼼짝 못하고 걸려드는 수가 있다. 자리는 우리를 불편하게 하거나 편리하게 하는 동선의 배치와 함께한다. 우리가 사용하는 많은 자리에는 우리를 편리하게 하는 것보다는 판매자의 의도된 계산이 숨어 있고, 자리가 공급자를 중심으로 운영되고 있다고 해도 과언이 아니다.

자리와 동선의 결정판을 보여 주는 곳은 길목이다. 길목은 '넓은 길에서 좁은 길로 들어서는 첫머리'이다. 그런 자리는 사람과 물자의 흐름이 모이고 흩어지는 곳이다. 그리고 길목은 동선들이 만나는 곳이다. 또한 목을 담아내는 곳이 자리다. 옛날에는 길목에 저잣거리 술집이나 음식점, 또는 역참이 있기도 하였다. 어릴 적 아버지께서 읍내에서 집으로 오던 길에 자주 들르던 막걸릿집인 '옴팡집'도 그런 곳에 자리를 잡고 있었다. 읍내로 오가는 길목에 자리 잡고 있던 술집은 사람들을 붙잡기에 충분하였다.

역참의 시대에는 길목에 파발이나 숙소가 있었다. 그 시대에는 말이 하루 동안 달릴 만한 거리마다 역(驛)이 있었다. 전주 인근에 있는 호남 최대의 역참 자리였던 삼례(三禮)라는 도시도 그렇게 발달하였다. 역참이 있던 곳에는 당연히 숙소도 있었다. 이런 역사가 반영된 대표적인 사례 지역으로는 상관(上關)면, 관촌(館村)면 등이 있다. 그래서 자리와 동선의 융합체가 길목이다. 우리 삶의 곳곳에서 자리가 동선을 만나고, 동선이 자리를 만나 시너지 효과를 낸다. 그리고 동선을 많이 담아내는 자리는 당연히 그 규모가 크다. 동선을 담아내는 크기에 따라서 자리의 규모가 결정된다.

자리는 동선을 만나서 자리를 더욱 굳건히 세우고, 그 자리가 돈이 된다. 사람들이 모이기에 돈이 된다. 때로는 돈이 되도록 자리의 동선을 의도적으로 만든다. 우리는 자신도 모르게 그 숨은 계략에 말려들곤 한다. 우리는 합리적 소비를 추구하는 사람으로서 호모 에코노미쿠스(homo economicus)를 지향한다. 하지만 자리가 우리의 동선을 지배하여 합리적 과소비를 유도할 수도 있다. 나의 의지와 상관없이 타인이 만든 의도대로 움직일 수 있다. 지금 나는 나의 뜻대로 자리를 잡고 있는가, 아니면 누군가가 의도한 동선을 따르고 있는가?

좌석: 돈으로 사람을 구별하는 자리

여름이 깊어 가면 스포츠의 열기가 더해진다. 여름 스포츠 하면 단연 코 프로야구이다. 프로야구는 우리나라의 스포츠 세계를 평정할 정도로 인기가 있다. 우리나라의 국민 스포츠로 자리 잡은 프로야구는 국민의 발길을 경기장으로 향하게 한다. 프로스포츠는 관중이 일정한 비용을 지급하고 경기를 즐기는 운동이다. 하지만 관중은 같은 운동장에서 같은 경기를 보면서도 그 즐기는 비용을 다르게 지급한다. 특히 인기가 높은 프로스포츠일수록 경기장 내에서 좌석 간의 가격 차가 크다. 예를 들어, 한 프로야구 경기장은 좌석을 커플석, 가족석, 지정석, 자유석, 익사이팅석, 프리미엄석 등으로 다양하게 구분하여 관람료를 받고 있다. 마치 비행기의 좌석 비용이 모두 다르듯이 경기장의 좌석 입장료도 다르다.

프로스포츠 팀은 경기장의 자릿값을 달리하여 마케팅한다. 스포츠 경기를 보고 즐기기에 좋은 자리는 자릿값이 비싸다. 반대로 보고 즐기기에 불편한 자리는 상대적으로 비용이 낮다. 예를 들어, 프로야구 경기장의 경우 명당자리는 포수의 뒷자리일 거다. 이 자리에서는 야구장에서 벌어지는 경기 장면을 한눈에 보고 즐길 수 있기 때문이다. 그래서 이 자리에는 비싼 비용을 지급해야 한다. 반대로 야구 경기장의 중앙자리에서 멀어질수록 자릿값이 점점 싸진다. 야구장의 중앙에서 양옆으로 갈수록 좌석의 가격이 낮아진다. 그리고 또 하나의 좌석 가격의 결정 요인은 경기장의 높이다. 경기장은 가능한 한 많은 관중을 입장시키기 위하여 고층화되고 있다. 경기장이 고층화되면 높은 곳에 위치한 좌석일수록 선수들의 경기 장면을 보기가 어려워진다. 그래서 지상에서 높게 올라갈수록 좌석 값은 싸진다. 특히 미국 메이저리그 프로야구장의 최상단 좌석은 자리의 경사가 심하고 바람이 세게 불어서 가격이 싸다.

이처럼 운동 경기장에서 좌석 가격을 결정하는 요인은 좋은 자리로부터의 거리와 높이다. 그러나 거리와 높이라는 두 변인을 뛰어넘는 가격 결정 요인도 있다. 그것은 기꺼이 비싼 값을 지급하고자 하는 소비자의 자발적인 구매 행위이다. 그 대표적인 사례가 프로야구 경기장의 커플석이다. 커플석은 야구 경기를 보기에 좋은 위치이고, 거기다 연인과의 추억을 담을 수 있는 특별한 자리다. 여기에는 연인의 심리를 활용하여 경기장에서 가장 비싼 가격을 책정해 수입을 올리는 프로 팀의 마케팅 전략이 숨어 있다. 기꺼이 비싼 비용을 지급하고자 하는 연인의 소비심리는 모든 인간을 경제인으로 전제하는 경제학의 원리를 뛰어넘는다. 커플석을 구매하는 연인은 자신을 경제인에서 만족자로 변신시키는 데 동반되는 초과비용을 두려워하지 않는다. 좌석 선택이라는 의사결정에 돈으로도 살 수 없는 값진 사랑이라는 변인이 작용하는 것이다.

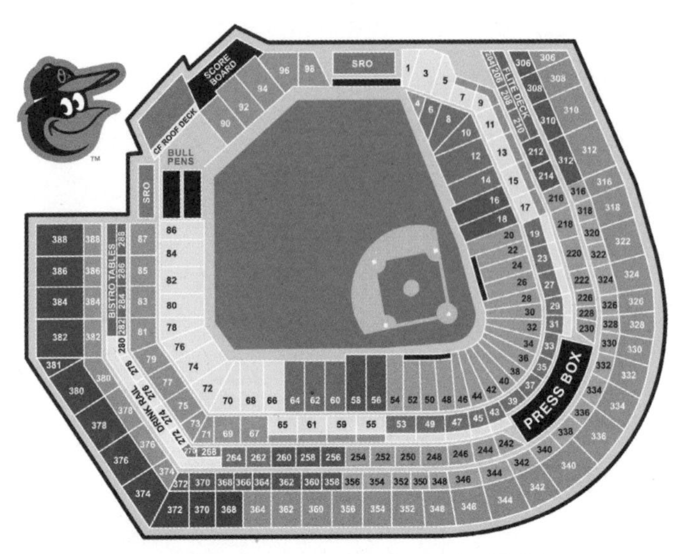

미국 볼티모어 오리올스의 오리올 파크 야구장 좌석배치도

미국 볼티모어 오리올스의 오리올 파크 야구장

우리는 일상에서 자리의 가격을 차별적으로 결정해 놓은 사례들을 쉽게 볼 수 있다. 그 대표적인 사례로는 공연장, 영화관, 비행기, 고속열차 등이 있다. 우리도 모르게 자리마다 가격을 달리하는 자리의 경제학은 우리의 삶을 지배하고 있다. 자리의 경제학은 수요와 공급이라는 측면에서 보이지 않는 손이 합리적으로 조정하여 시장가격이 형성되었다고 애써 인정하고자 한다. 하지만 자리의 값을 합의에 의한 의사결정의 산물이라고 보기는 어렵다. 대부분 자리의 값을 결정하는 주체는 공급자이고, 소비자는 가격 결정에 있어서 종속적 존재일 가능성이 높기 때문이다.

공급자, 즉 자본가가 자리의 가격을 결정하는 것이 지배적이다. 자본가는 재료비, 인건비, 관리비 등의 요인들을 의사결정자만이 아는 방식으로 계산한 후 자리의 가격을 결정해 소비자에게 일방적으로 통보한다. 자본주의에서 자릿값을 결정하는 데 소비자의 판단은 고려대상이 되지 않는다. 그래서 자리의 가격에는 시장 권력의 비대칭성이 존재한다. 자리의 가격이 비합리적일지라도 소비자가 따져서 가격을 고치기란 거의 어렵다. 그 이유는 공급자가 어느 요인과 기준으로 가격을 산정했는지를 공개하지 않기 때문이다. 물론 자본가의 횡포를 방지하기 위하여 공정거래위원회, 한국소비자원 등의 기구를 두고 있으나, 이 기구들은 항상 미네르바의 부엉이일 뿐이다.

누가 뭐라 해도 자리는 돈이다. 자리에 지급하는 비용에 따라서 즐거움, 안락함, 서비스의 정도가 달라진다. 커플석, 로얄석, 프리미엄석 등 그 이름만 들어도 자리에 돈 나가는 소리가 들릴 정도이다. 같은 공간에서 같은 경기, 공연 등을 보더라도 다른 비용을 지급한다. 자리의 공급자는 자리에 등급을 매겨 차별화한 후 소비자에게 돈을 요구한다. 이렇듯 자리의 차별화는 자연스럽게 자릿값의 비용 상승을 유발한다. 예를 들어, 공연장의 로얄석 남발, 고속열차 특실의 대중화, 고속 우등버스의 일반화 등이 여기에 속한다. 마치 차별화된 자리가 처음부터 절대적으로 비싼 자리인 양 비싼 돈을 받는다.

그리고 자리의 등급화를 통한 고액화 전략에는 소비자 심리를 고도로 이용하는 기법이 숨어 있다. 공급자는 사람들이 보편적으로 지니고 있는 구별 짓기의 본성을 파고들어서 이를 적절히 마케팅으로 활용한다. 자본가는 소비자가 특별히 구별된 자리를 차지함으로써 자신의 돈과 지위를 과시하고 싶어 하는 심리를 이용한다. 즉, 소비자에게 선별 의식을 뽐낼 기회를 제공한 후 그 대가를 지급하라는 의미이다. 공급자는 소비자가 돈으로 자리를 사고, 그 자리에서 우쭐대도록 유도하기도 한다.

소비자는 때로는 이 자리에서 낮은 등급의 이용자를 깔보기도 하는데 공급자는 이런 심리를 적극적으로 그리고 의도적으로 악용한다. 그래서 예술의 전당에서는 로얄석보다 높은 등급의 VIP석, VVIP석, 프레지던트석, 프리미엄석까지 만들어 놓아 로얄석이 보통 자리가 되는 웃지 못할 일이 벌어지기도 했다. 누구나 본능적으로 구별짓기를 통하여 자신의 존재감을 드러내고 싶어 한다. 그러나 자리의 비용을 지급하지 못하는 사람들에게는 이런 자리 행태가 상대적 박탈감을 줄 수도 있다.

이러한 자리의 불평등을 크게 세 가지로 나누어 볼 수 있다. 첫 번째로 같은 공연, 경기 등을 보면서 높은 비용을 지급하는 자와 그렇지 못한 자의 경제적 불평등이 존재한다. 공간의 자리를 지나치게 등급화함으로써 계층 간의 불평등을 일으킬 수 있다. 돈으로 좋은 자리를 산 사람과 그렇지 않은 사람을 지나치게 구별하는 것은 차이를 넘어 차별이라고 볼 수 있다. 또한 자리에는 문화적 불평등이 존재한다. 문화는 곧 생활양식인데, 이를 향유하는 데도 차별이 있다. 문화에의 접근성을 돈이라는 장치로 차단하거나 걸림돌을 만들기 때문에, 지나친 자리의 등급화는 문화적 불평등을 낳을 수 있다.

정치적 불평등도 존재한다. 자리의 정치적 불평등으로는 초대석이 있다. 경기장, 공연장 등에 자기 비용을 지출하고 좌석을 구한 사람과 그렇지 않은 사람 간의 불평등이 존재한다. 정치 권력자, 지역의 유지, 유명인사 등은 초대권을 가질 가능성이 높다. 초대권을 가진 사람은 초대석이라는 가장 좋은 자리를 배정받아 경기, 문화 등을 향유하는 질을 높일 수 있다. 더 나아가 초대권을 가진 사람은 자리의 비용을 지급하지 않는다. 권력을 가졌다는 이유만으로 자릿값도 내지 않고 가장 좋은 명당자리를 불공평하게 차지하는 것이다. 아마도 그 비용은 다른 사람들이 분담하거나 세금으로 충당할 것이다.

고위층은 자리 비용을 내지 않음으로써 구별 짓기를 한다. 어떤 소비자는 자리 비용을 비싸게 지급함으로써, 그리고 어떤 소비자는 권력을 가졌다는 이유로 공짜로 문화를 즐김으로써 자신의 위상을 드러낸다. 어느 음악회 공연장에서는 VIP 초대권을 남발하여 보냈으나 VIP들이 음악회에 오지 않아 공연장의 앞 좌석이 텅 비게 되는 일도 있었다. 이렇듯 자리를 통한 경제적, 문화적, 정치적 불평등을 가하는 행위는 소수가 다수를 구별 짓게 하는 결과를 낳는다.

자리의 계급화도 존재한다. 오래전에 미국 디즈니랜드에서 대형 놀이기구를 타는 곳에 급행료가 있는 것을 보고 문화충격을 받은 적이 있다.

많은 사람이 놀이공원에 한꺼번에 몰려드는 경우, 놀이기구를 타는 데 기다리는 시간이 길어진다. 그래서 놀이공원에서는 급행료를 받고서, 이를 지급한 사람들에게 놀이기구를 빨리 탈 수 있도록 하고 있다. 여기에는 놀이기구를 타기 위하여 줄을 서서 기다리는 시간을 줄여 주는 대신에 돈을 더 지급하라는 의도가 잠재되어 있다. 이럴 경우, 한정된 놀이기구의 자리를 누군가가 돈으로 빼앗아 가는 결과를 가져온다.

입장료를 지급하고 놀이공원에 들어서면 입장하는 모든 사람은 동등한 권리를 갖는다. 그러나 공원에서 자리를 두고 다시 추가비용의 지급 여부로 사람을 구별하고 있다. 놀이기구를 타는 데 급행료를 지급하고서 놀이의 우선권을 갖도록 하는 것은 자본의 논리로 타인의 행복추구권을 침해하는 행위이다. 이것이 자리의 계급화이다. 자본주의 사회에서 일상의 놀이 자리 또한 돈으로 계급화되고 있다.

인간사회에서 계급을 나누고, 그 계급 안에서 권력을 부리거나 누리고 싶은 마음이 우리의 본성일지라도 돈으로 즐길 자리마저 차별화하는 것은 온당하지 않다고 본다. 오늘날 자리가 점점 돈의 힘으로 재현되면서 자리의 정치경제학이 우리 삶의 구석구석을 지배하고 있다.

우리 사회는 자리를 구별하여 돈을 더 많이 받고, 그것으로 차별을 정당화하고 있다. 그러나 인류는 동등한 자리를 얻기 위하여, 버스의 자리 혹은 집 자리에서부터 투쟁하였다. 미국의 로자 파크스(Rosa Parks)라는 흑인 여성은 버스 안에 존재하던 흑인과 백인의 좌석 차별에 당당히 맞서, 흑인 차별 철폐를 위한 미국(흑인) 민권운동의 도화선을 만들었다. 그리고 남아프리카공화국의 만델라 대통령은 백인들의 흑인 차별 정책인 아파르트헤이트를 철폐하는 데 평생을 보냈다. 백인들은 거주지인 집 자리에 선을 그어 흑인들을 몰아내고 자신들의 자리를 만들었다. 그러나 자리를 통하여 자신들의 권리를 찾으려는 흑인들의 투쟁은 차별정책을 거두는 데 결정적인 기여를 하였다. 이렇듯 인류는 일상의 자리에서 발생하는 차별을 없애는 것에서부터 사회정의를 실현해 오고 있다. 과장해서 말하면, 인류는 세상의 모든 자리에서의 평등을 찾기 위한 노정에 서 있는지도 모른다.

지금 우리 사회는 돈으로 너와 나를 구별하고 있다. 어느 경우에는 돈으로 구별하는 것이 아파르트헤이트보다 더 높은 벽으로 작용한다. 자본가들은 우리의 자리를 더욱 세분화해서 차별하려 들 것이다. 그리고 그들은 차별화된 자리에 말할 수 없는 특별한 무엇인가가 제공되는 양 우리를 속이려 들고 있다. 하지만 자본가들이 만들어 준 자리에서 자신이 나 아닌 다른 사람과 구별되고 있다고 여기는 순간, 이미 우리는 수많은 타자로부터 섬이 되어 있을 것이다. 자리가 구별되어도 우리 모두 같은 비행기 혹은 같은 경기장 안에 있을 뿐이다. 비록 값이 싼 자리에서 공연이나 경기를 즐기더라도 우리 스스로 주눅 들지는 말자. 우리는 감동의 차별화로 자본의 차별화를 이겨 낼 수 있다. 각자의 자리에서 돈으로 환산할 수 없는 벅찬 감동을 극대화하여 자본의 질서에 일침을 가할 수 있다. 부디 자리가 돈의 재현으로 사회를 차별하는 통로가 되지 않길 바란다. 자리가 권력이 되는 것은 불의이자 불공정이다.

드론: 닐스의 모험을 실현하다

몰텐 등에 머리를 파묻고 있던 닐스는
살짝 아래를 내려다보았어요.
마을과 집과 산들이 아주 조그마하게 보였지요.
"우와! 집들이 손바닥보다도 작네!"
닐스는 참 신기했어요.

-셀마 라게를뢰프, 이야기샘, 2007,
『닐스의 신기한 여행』, 12

현대판 '닐스의 모험'을 가능케 해 주는 드론(drone)이 관심거리이다. '벌이 웅웅거린다'라는 뜻을 가진 드론은 무선으로 조종하는 비행 장치를 의미한다. 드론은 머리 위의 상공으로 날아가 원하는 목적을 수행하는 소형 비행 물체이다. 드론이 일반화되면서 다양한 방식으로 이용되고 있다. TV 프로그램에서 드론의 원리를 이용한 헬리캠(helicam)으로 촬영한 장면을 보는 것은 어렵지 않은 일이다. 특히 다큐멘터리 촬영에서 드론의 활용도가 매우 높다. 드론의 악용으로 국가적, 사회적 문제가 생기기도 하지만, 현재 드론은 아이들의 장난감이 될 정도로 기능과 가격 면에서 대중화되었다.

인간은 자신보다 높은 곳에서 세상을 보고 싶은 기본적인 욕망을 지니고 있다. 새처럼 높은 곳에서 세상을 내려다보고 싶은 욕망은 오래전 인류의 역사와 함께했다. 새처럼 높은 곳에 올라가지 못하는 사람들을 위하여 지표의 정보를 영상으로 담아서 표현하였는데, 그 대표적인 사례가 조감도(鳥瞰圖)와 지도(地圖)이다. 이것들은 3차원 세계를 일정한 비율, 즉 축척(縮尺)으로 줄여서 2차원 평면으로 전환해 옮겨 놓은 결과물이다. 특히 지도는 지표 정보를 기호, 축척, 방위 등을 활용하여 실제 모습과 가장 유사하게 평면으로 표현한 것이다.

인류의 과학기술 발달로 세상의 지표 현상을 표현하는 기법도 향상되고 있다. 조감도나 지도보다 훨씬 발달한 대표적인 과학기술은 항공사진과 원격탐사(remote sensing)이다. 항공사진은 비행기를 이용하여 일정한 공간을 사진으로 찍는 기법이다. 그리고 지구 밖 인공위성에서 센서(sensor)를 이용하여 지표면을 찍는 원격탐사는 지표면의 정보를 이미지로 전환하여 인간의 보고 싶은 욕망을 해결해 준다. 더 나아가 요즘에는 인터넷의 구글 어스(Google Earth)를 통하여 보고자 하는 곳의 지표 정보를 아주 자세히 살펴볼 수 있다.

과학기술과 통신기술의 발달로 지표 정보에 손쉽게 접근할 수 있게 되었다. 드론은 하늘 높은 곳에서 세상을 바라보고 싶어 하는 인류에게 혁신적인 변화를 가져다주었다. 인간이 올라갈 수 없는 높은 곳에서 원하는 현상을 찍을 수 있게 해 줌으로써, 원하는 지표 정보를 가장 짧은 시간에 촬영하여 다양한 이미지로 만들어 준다. 그래서 드론에 대한 사람들의 만족도는 높은 편이다.

드론은 국가기관이나 거대 포털 등이 독점하여 제공하던 지표 정보를 개인이 간단하게 생산할 수 있게 해 준다는 점에서 새로운 세계를 열어 주고 있다. 누구나 자신이 원하는 지표 정보의 이미지를 생산하고 소유할 수 있게 함으로써, 지표 정보를 독점 생산하거나 공급해 오던 국가, 인터넷 포털이나 영리 회사부터 벗어나게 해 주었다. 더 나아가 드론은 2·3차원의 지표 정보를 대중화하는 데 크게 기여하고 있다. 때로는 사소한 지표 정보까지 개인이 만들어 축적할 수 있게 해 줌으로써 개인을 더욱 자유롭게 해 주고 있다. 드론은 국가 비밀 유지 등 다양한 이유로 지표 정보에 접근하는 것이 금지되던 것을 일정 정도 해소해 주었다. 그리고 드론으로 구한 디지털 지표 정보를 인터넷 등을 통하여 많은 사람과 공유할 수 있게 되었다. 결과적으로 드론은 지표의 이미지 정보를 국가기관이나 거대 자본회사의 도움 없이 개인의 필요에 맞게 적은 비용으로 취득할 수 있게 해 주었다.

드론은 자신의 목적에 맞게 지표의 이미지나 영상, 즉 지표 정보를 시각화할 수 있게 해 준다. 실제 모습과 이미지를 일치시켜 줌으로써 지표 정보의 시각화를 용이하게 할 수 있다. 지도는 3차원의 현상을 방위, 기호, 축척으로 부호화하여 아이콘 등으로 표현한 의미체이기 때문에, 지도를 보는 사람은 지도의 제작 과정과 반대로 부호를 푸는 탈부호화 과정을 통하여 지도의 내용을 해석해야 한다. 이 과정에서 지도를 보면서 실제의 지표 현상을 머릿속으로 추론할 수 있어야 하는데, 이는 고도의 지적 과정이 필요하다. 반면에 드론은 지도의 어려운 해석 과정을 생략해 줌으로써 실제 현상과 이미지 정보를 가장 비슷하게 보여 준다. 그래서 드론이 찍은 이미지는 전통적인 지도나 사진을 이용하여 지리 현상을 해석해야 하는 수고로움을 덜어 주는 장점이 있다. 우리는 드론을 통하여 실제 지표 현상을 더 정확하고 편리하게 볼 수 있는 시대에 살고 있다.

드론은 학교 교육에서도 활용도가 높다. 특히 지리수업에서 수업과 밀접한 관련이 있는 이미지를 제공해 줄 수 있다. 각처에서 드론 마니아들이 제공해 주는 세계 여러 나라의 이미지나 지형·도시·농업·산림 등의 경관 이미지는 지리수업을 더 효과적으로 수행하는 데 도움이 될 것이다. 그리고 학생들이 지리수업 시간에 드론을 이용하여 각종 지리정보를 직접 제작해 보는 경험을 해 볼 수도 있다. 이 경우, 드론이 제공하는 이미지에 대한 이해도를 높일 수 있고, 실제의 지리 정보를 활용한 지리수업 내용을 더욱 잘 이해할 수 있을 것이다.

하지만 학생들은 지리 교과서에서 여전히 실제 모습과 너무 다른 지형도를 이용하여 지리학습을 하고 있다. 일상생활에서 자주 접하지 않는 지도를 열심히 분석하여 실제 지형을 추론하는 능력을 배우고 있다. 여전히 지리수업 시간에는 초기 과학 문명의 유물인 지형도를 보고 읽는 교육을 열심히 가르친다. 그리고 학생들의 지형도 해석과 이를 통한 실제 지형의 추론능력을 각종 시험에서 평가하고 있다. 예를 들어, 대학수학능력시험의 지리 평가에서도 지형도를 제시한 후 지형을 읽고 해석하는 문제가 출제되고 있다. 이는 학생들이 살아가는 실제적 삶과 지리 평가와의 괴리를 보여 주기에 충분하다고 볼 수 있다. 드론으로 찍은 실제 사진 이미지를 보여 주고, 이 지형이 무엇인지 알아보고, 그 원인을 추론할 수 있는 능력을 묻는 것이 더욱 실용적인 평가가 될 것이다. 실제 현상을 굳이 어려운 지도로 바꿔서 학생들의 능력을 묻는 것은 시대에 뒤떨어진다고 볼 수 있다.

인간은 이미 첨단 과학기술을 통하여 현상을 자신의 눈높이, 즉 수평으로 보는 능력에서 나아가 하늘에서 수직으로 내려다보는 능력을 갖추었다. 이에 따라 지리 교과서에서도 지리 현상을 실제 모습과 가장 근접한 상태로 볼 수 있도록 제시해 줄 필요가 있다. 스마트한 시대에 스마트한 기기를 이용하여 스마트한 수업을 하여 스마트한 학생을 육성하는 것이 우리 시대에 더 걸맞다고 볼 수 있다.

드론이 우리 사회에서 다양한 편리함을 주는 것은 사실이다. 무엇보다

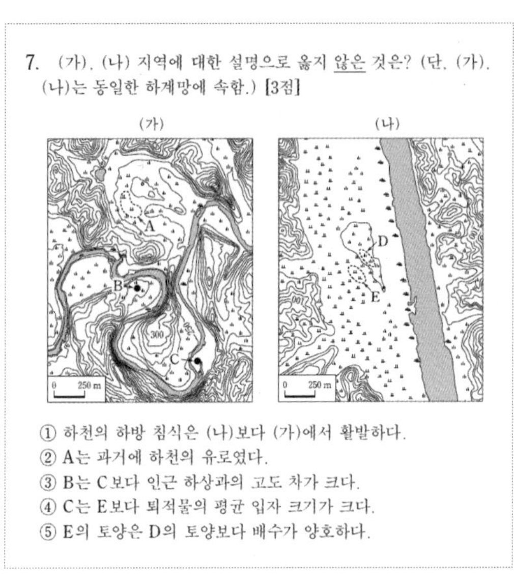

7. (가), (나) 지역에 대한 설명으로 옳지 않은 것은? (단, (가), (나)는 동일한 하계망에 속함.) [3점]

① 하천의 하방 침식은 (나)보다 (가)에서 활발하다.
② A는 과거에 하천의 유로였다.
③ B는 C보다 인근 하상과의 고도 차가 크다.
④ C는 E보다 퇴적물의 평균 입자 크기가 크다.
⑤ E의 토양은 D의 토양보다 배수가 양호하다.

2018학년도 대학수학능력시험 사회탐구 한국지리 7번 문제

도 드론은 세상을 보는 눈높이의 자리를 값싸고 편리하게 제공해 준다. 높은 고도의 이미지 정보를 낮은 비용으로 대중화할 수 있게 해 주었다. 드론이 대중화되면서 세상을 하늘에서 내려다보고자 하는 욕망을 채울 수 있게 되었다. 우리는 세상 이미지 정보의 일방적 소비자에서 이미지 정보의 소비자와 생산자를 동시에 수행할 수 있는 존재가 되었다. 드론은 적은 비용으로 우리의 시각을 눈높이 자리에서 하늘의 자리로 전환할 수 있도록 해 주었다.

드론의 대중화는 순기능과 역기능을 동시에 수반한다. 드론의 용도는 SNS와 IT 기술이 결합되면서 더욱 확대되고 있다. 드론은 단순한 촬영 도구를 넘어서 자연재해 예측, 산불 방지, 긴급구호, 무인 배달, 농업용 기구 등 다양한 분야로 영역이 확장되고 있다. 이미지 정보의 제공뿐만 아니라 현상 이동과 예측 분야 등까지 그 이용의 폭을 넓혀 가는 것이다. 더 나아가 드론은 인간의 삶을 편리하게 하고 위험한 노동에서 해방시켜 주기도 한다. 그러나 드론의 대중화는 사회적인 논란을 야기하기도 한다. 편리한 촬영기기의 이용으로 인한 사생활 침해, 타인의 하늘 공간 점유, 군사적 비밀 지역 침투 등 국가, 사회적 문제가 발생하기도 한다. 드론을 단순히 촬영 목적이 아닌 테러나 범죄 등 폭력적으로 사용하는 경우에는 많은 사회적 우려를 낳을 수 있다. 이처럼 드론이 대중화되면서 자연스럽게 드론의 사용 범위와 용도를 제한하고자 하는 사회적 논의가 생겼다. 드론의 대중화는 개인적 이익 추구와 공적 이익 추구 간의 갈등을 일으키고 있다. 이런 논쟁으로 보았을 때, 우리 사회에서는 드론의 이용 범주 제한에 대한 사회적 합의가 필요하다.

인류는 인간의 눈높이를 뛰어넘어 세상을 보는 능력을 기르고자 노력

서울 도심의 드론 비행금지를 알리는 안내판

해 왔다. 새와 같이 날아서 세상을 바라보고자 하는 노력의 과정이 인류 문명의 발달사라고 해도 과언이 아니다. 이것은 지상에서 수직 상공으로 시각의 자리를 전환하는 능력의 개발사이다. 드론이 발명되기 이전에는 이런 능력이 국가의 지리 정보 축적 능력이자 상업 위성을 가진 국가의 몫이었다.

그러나 드론의 등장으로 지상에서 수직 상공으로의 자리 이동 및 전환에 큰 비용이 들지 않게 되었다. 드론을 통하여 눈의 자리 변환 능력을 대중화함으로써 누구나 지리 정보와 이미지에 접근할 수 있게 되었다. 여전히 큰 스케일의 이미지 정보를 창출하는 능력은 선진국과 정부와 거대 자본이 가지고 있지만, 섬세하고 실제적인 정보 이미지의 창출 능력은 다수의 드론 이용자에게 넘어가고 있다. 일부 드론의 역기능이 있을지라도, 이의 이용 자체를 국가가 완전히 통제하기란 어려울 것이다.

드론은 비행 제한 구역을 제외한 모든 영역에서 이미지 정보를 양산할 것이다. 그 순기능을 활용하여 세상을 보는 또 하나의 눈을 가질 수 있길 바란다. 드론이라는 또 하나의 눈을 가지고서 저마다 '닐스의 모험'을 떠날 수 있길 고대한다. 거위의 힘을 빌려서 세상을 날고 싶었던 닐스를 대신하여, 무선으로 드론을 원격조정하며 이곳저곳의 지표를 비행하면서 세상을 여행하는 모험을 떠나 보길 바란다. 드론이 우리를 자유롭게 할 것이다.

증강현실의 게임: 장소의 불평등이 존재한다

포켓몬스터의 주인은 누구일까?

이 세상 모든 포켓몬스터를 수집하려는 야망을 가진 로켓단!

포켓몬의 세포를 채취해

그 누구보다 강한

새로운 포켓몬 '뮤츠'를 만드려는 것이 그들의 꿈이다.

-김지룡 외, 2011, 『데스 노트에 이름을 쓰면 살인죄일까?』, 153

아직 이름도 생소한 증강현실(Augmented Reality: AR)이 우리 생활에서 현실로 자리 잡고 있다. 증강현실은 실제 환경에 사물이나 정보를 합성하여 원래의 환경에 존재하는 사물처럼 보이게 하는 컴퓨터 그래픽 기법이다. 이의 핵심은 실제 현실에 가상현실을 겹쳐서 볼 수 있게 만든 점이다. 컴퓨터나 스마트폰에서 사용하는 가상현실을 우리가 생활하는 실제 현실에서 즐길 수 있게 된 것이다. 그중 하나가 증강현실의 게임이다. 우리는 가상현실의 게임을 실제 현실에서 즐긴다. 우리의 손안에 들어온 스마트폰을 이용한 증강현실의 놀이는 단순한 놀이를 넘어서고 있다. 증강현실을 이용한 대표적인 게임은 포켓몬고이다. 이는 과거 어린이의 동심을 사로잡았던 포켓몬스터라는 만화 캐릭터를 가상현실에 적용하여 노는 게임이다. 포켓몬스터 세대는 어른이 되어 스마트폰 시장의 최고 고객이 되었다. 포켓몬고 놀이는 이 세대에게 어린 시절의 향수를 자극하면서 새로운 놀이에 접근할 수 있게 해 주었다. 우리나라에서는 안보 문제로 다소 늦게 열풍이 불긴 하였지만, 포켓몬고의 인기는 전 세계를 강타할 정도로 가공할 만하다고 볼 수 있다. 남녀노소 할 것 없이 길거리에서 스마트폰의 앱을 이용하여 이 게임을 즐기는 자들이 스마트폰의 화면에 얼굴을 묻고 길거리를 활보하고 있다. 전 세계인이 포켓몬고 게임에 열광하는 원인은 무엇일까.

모바일 게임 포켓몬고가 지구촌을 달구는 원인으로 몇 가지 공통된 분석이 나오고 있다. 쉬운 조작법, 옛 그리움, 자신감, 탐험, 더 폭넓고 깊은 사교 등등이 키워드로 등장한다. 첫 손에 꼽히는 흥행 원인은 포켓몬고를 즐기는 데 따로 기술을 연마할 필요가 전혀 없다는 사실이다. 23일 영국 BBC방송에 따르면 옥스퍼드대 인터넷 연구소에서 온라인 게임을 연구해 온 앤드루 프르지빌스키 교수는 쉬운 입문은 게임 흥행의 필수라고 설명했다. 포켓몬고는 이용자들이 일상에서 수족처럼 다루는 스마트폰, 위치정보 GPS를 게임 도구로 쓴다. 게임을 처음 접하는 과정에서 학습이 부담스러워 떠나는 이들이 태반이지만 포켓몬고는 그런 관문이 아예 없는 셈이다.

- 한겨레신문 2016년 7월 24일

포켓몬고의 게임 열풍은 우리 모두에게 증강현실의 세계를 경험할 수 있게 해 주었다. 앱을 스마트폰에 깔면 세계 어느 곳에서나 포켓몬고 게임을 즐길 수 있다. 스마트폰상에서 전 세계의 지도를 보유한 구글 맵스의 지도와 포켓몬고 게임 앱을 연결하면, 증강현실에서 만화 주인공인 피카츄, 라이츄, 꼬부기 등의 포켓몬스터를 잡으면서 게임을 할 수 있다. 포켓몬스터 만화를 보며 성장한 세대와 더 나아가 그 세대를 양육한 어른 세대는 어린 시절, 혹은 자녀를 양육하던 시절을 추억하면서 이 놀이에 빠져들었다. 포켓몬고 게임은 우리가 놀이하는 인간, 즉 호모 루덴스임을 확인시켜 주기에 충분하다.

포켓몬고 게임의 화면

증강현실을 활용하여 포켓몬고 놀이를 즐기는 장소가 도시 곳곳에서 발견되고 있다. 도시 안에서도 특히 사람들이 집중된 자리에서 포켓몬스터를 잡으며 포켓몬고 게임이 더 많이 행해진다. 구글 맵스는 포켓몬고의 접속자 수를 늘리기 위해서 포켓몬스터를 많이 잡을 수 있는 장소로 사람들을 유도한다. 사람들을 유도하기 좋은 장소는 당연히 도시의 관광지, 쇼핑센터, 교통중심지 등이다. 세상 사람들을 끌어들이기 좋은 곳, 아니 이미 사람들이 많이 모이는 곳은 포켓몬스터를 잡기에 유리한 자리로, 포켓몬고 마니아들이 몰려든다.

최근에는 증강현실 게임을 즐기는 장소가 도심이나 관광지, 쇼핑센터를 넘어서 전국이나 세계 곳곳으로 확장되고 있다. 사람들은 위치 인식이 가능한 GPS가 존재하는 모든 곳에서 증강현실 게임을 즐긴다. 특히 전 세계의 프랜차이즈 매장으로 게임 장소가 확장되고 있는 점이 눈에 띈다.

> 편의점부터 햄버거 매장·커피전문점·디저트 매장 등이 증강현실(AR) 게임 '포켓몬고'의 이른바 '성지'가 된다. 저장된 매장을 찾아가면 게임 아이템을 확보하거나 대결을 할 수 있다. 포켓몬고가 국내에 출시된 지 한 달이 지나면서 포켓몬고와 이코노미(Economy·경제)를 합친 이른바 '포케코노미'에 시동이 걸리고 있다.
>
> -중앙일보 2017년 2월 24일

프랜차이즈 매장과 같이 게임을 즐길 수 있는 자리는 해당 업체의 지원으로 가능하다. 이런 자리를 스폰서 장소라고 부른다. 주로 미국에서는 약국, 렌터카 회사, 카페 등이, 일본에서는 편의점 등이 포켓몬고 게임의 스폰서 장소로 이용되고 있다.

스폰서 장소는 포켓몬고 게임의 인기 정도를 보여 준다. 스폰서 업체는 사람들이 모이는 것이 자본주의 사회에서 돈이 될 수 있음을 직감한다. 증강현실 게임을 즐기는 자들이 프랜차이즈 가게에 많이 모일수록 게임은 더 큰돈을 버는 도구가 된다. 증강현실 게임과 상업주의가 만나서 새로운 이익 추구의 경제활동을 낳고 있다.

예를 들어, 사업주는 증강현실 게임의 제작자와 연계하여 사업 장소에 포켓몬스터를 상대적으로 많이 배치함으로써 게임을 즐기고 싶은 사람들이 더 많이 모이도록 유도한다. 이렇게 게임을 즐기는 사람들이 사업장에 접근하여 모여들면 사업장에서 물건을 구매할 수도 있다. 또한 게임을 하는 사람들은 가게의 광고에 노출되는 빈도가 높아짐으로써 간접 광고에 빠져들게 된다. 이런 간접광고에의 노출은 곧 실제 소비 증가로 이어질 가능성이 높다. 그래서 자본가들은 증강현실 게임의 인기와 소비경제를 밀접하게 관련지어 이익을 창출한다. 자본가들이 이런 점을 소홀히 여길 리는 만무하다.

증강현실 게임은 사람들의 놀이를 돈벌이로 지향해 가면서, 게임의 장소를 모든 일상생활 영역으로까지 확대하고 있다. 이제 어느 도시에서나 증강현실 게임을 즐기는 것이 삶의 익숙한 부분이 되고 있다. 그 결과, 지하철이든 가게 앞이든 도심의 거리든 어느 곳에서나 포켓몬고 게임을 하며 포켓몬스터를 잡는 사람들을 보는 것이 어렵지 않게 되었다. 그러나 모든 사람이 모든 장소에서 증강현실의 게임을 즐기는 혜택을 누리는 것은 아니다. 증강현실 게임을 즐기는 데도 불평등이 존재하는 데, 지역 · 세대 · 계층의 불평등이 대표적이다.

먼저, 증강현실 게임을 즐기는 데도 지역 불평등이 있다. 다름 아닌 증강현실 게임을 즐길 수 있는 장소의 불평등이다. 포켓몬스터라는 추억의 게임인 포켓몬고를 즐기는 데 있어서 지역 차가 존재한다. 증강현실 게임은 촌락 지역보다 도시 지역에서 즐기기에 유리하다. 촌락 지역에서는 게임을 즐길 수 있는 자리가 절대적으로 부족하다. 증강 현실에서도 도시와 촌락 간의 차별 아닌 차별이 존재하는 것이다.

더 나아가 수도권과 지방의 차이도 존재한다. 대도시에는 200m 내에 20여 개의 포켓스톱(포켓볼 등 아이템을 획득하는 장소)이 있지만, 지방은 1km 근방에 포켓스톱이 없는 경우도 많다(중앙일보 2017년 4월 10일). 그리고 도시 내에서도 지역 간의 불평등이 존재한다. 주거 지역보다는 상업 지역에서 증강현실 게임을 즐길 수 있는 가능성이 높다. 그리고 잘사는 도시 지역이 경제력이 약한 지역보다 이런 게임을 즐기기에 유리하다. 포켓몬고를 즐길 수 있는 포켓스톱 수가 고르게 분포하지 않는 것은 모든 지역에서 사람들이 게임을 즐길 기회로 차별당하고 있음을 의미한다.

다음으로 증강현실 게임에는 세대 간의 불평등이 존재한다. 사람들은 증강현실에서도 불평등을 겪고 있다. 예를 들어, 포켓몬고 게임은 포켓몬스터 만화를 기억하는 세대에게 더욱 유리하다. 이것은 게임의 제작자와 자본가가 이익을 높이고자 서로 연대하여 이 게임에 대한 경험과 기억을 가장 많이 가진 세대를 중심으로 게임 콘텐츠를 개발하였기 때문이다. 그리고 해당 세대가 많이 모이는 곳을 중심으로 몬스터가 잘 잡히게 하였다. 또한 포켓몬고가 상대적으로 쉽게 조작할 수 있도록 만든 게임일지라도, 증강현실이라는 스마트 환경에 익숙한 세대가 그렇지 못한 세대보다 유리한 것은 말할 필요도 없다. 그러기에 증강현실 게임의 세계에서 세대의 불평등을 어렵지 않게 찾을 수 있다.

마지막으로 증강현실 게임에는 계층의 불평등이 존재한다. 게임을 즐기는 데 돈이 필요하기 때문이다. 예를 들어, 포켓몬고 게임을 즐기기 위해서는 포켓볼 등의 아이템이 필요하지만 이를 얻을 수 있는 장소가 많지 않다. 이런 경우, 포켓몬고의 이용자는 현금으로 아이템을 구매하거나 포켓스톱이 많이 출현하는 먼 곳까지 가야 한다. 다시 말하면 게임자는 돈을 들여서 게임에 필요한 아이템을 구매하여야 한다. 당연히 그 비용을 자유롭게 지급할 수 있는 사람과 그렇지 못한 사람 간의 차이가 발생한다. 게임 비용을 지급하기 힘든 게임자들은 포켓스톱이 있는 곳까지 시간을 들여 이동해야 하므로 다른 일을 할 수 없기에 기회비용이 발생한다. 여기서 증강현실의 게임을 즐기는 데 있어 계층 간의 불평등이 존재함을 확인할 수 있다. 이처럼 증강현실 게임인 포켓몬고 게임을 즐기는 데 있어 발생하는 지역·세대·계층의 차이를 증강현실 게임의 불평등이라고 부르고 싶다.

증강현실은 말 그대로 우리의 현실이 되어 삶에 영향을 주고 있다. 날마다 한순간도 손에서 놓을 수 없는 스마트폰의 각종 게임이 개발되어 우리를 유혹한다. 증강현실 게임에도 우리 눈에 보이지 않는 자본의 논리가 숨어 있다. 자본가는 우리 손과 눈을 지배하여 우리 안의 놀이하는 인간인 호모 루덴스의 본능을 자극하여 이윤을 극대화하고 있다. 그러므로 우리는 증강현실 게임을 즐기면서도 한편으로는 구조적인 불평등의 희생양이 되고 있다. 증강현실의 게임이 보편화되고 있는 세상에서 그런 불평등을 자각하며 게임을 즐기는 지혜가 필요하다. 나는 게임을 하고 있다. 고로 나는 존재한다. 그러기에 나는 불평등 구조의 늪에 빠진다. 그 늪의 황홀함은 무엇의 대가일까? 늦은 밤 혼자 스스로에게 묻는다.

• 에필로그 •

삶의 현장에서 자리를 낯설게 그리고 친숙하게 경험하자

자리는 삶의 현장에 항상 존재한다. 삶의 현장은 생존을 위한 싸움터이다. 자리에서 살고자 하는 사람이 또 다른 살고자 하는 사람과 경쟁을 한다. 자리를 두고 전쟁을 한다. 자리를 잡으려고 안간힘을 쓰고, 자리를 지키려고 애를 쓰고, 자리를 빼앗으려고 몸부림을 친다. 한번 잡은 자리는 지속성을 갖기도 하고 역사의 뒤안길로 사라지기도 한다. 자리는 새롭게 만들어지기도 한다. 자리를 배제하고서 삶을 논하기는 어렵다. 이것이 일상에서 '자리의 지리학'에 관심을 두어야 하는 이유이다.

경제활동을 하는 데 있어서 좋은 자리도 있고 나쁜 자리도 있다. 유동인구가 많거나 교통이 편리한 곳은 높은 이윤을 낼 가능성이 있어서 자릿세도 상승한다. 어느 건물주는 상점이 잘 운영되는 경우 자릿세를 몽땅 올려 임대인을 힘들게 하는 등의 갑질을 하기도 한다. 자릿세에는 권리금이라는 이름의 세 아닌 세가 더해지기도 한다. 가게를 타인에게 양도할 때 자신이 가게를 번성하는 데 기여한 공로를 가격으로 매긴 것이다. 사회적 관습으로 인정받는 주관적 가격이라 할 수 있다. 때로는 가게가 소임을 다하지 못하고 그 자리를 비워 주기도 한다. 오늘도 자리는 다양한 사람을 불러들이기도 하고 주인에게 이윤을 창출해 주기도 한다.

자리는 오늘도 서로 다툼을 하고 있다. 지금 우리 동네에는 편의점 옆 편의점, 빵집 앞 빵집, 구멍가게 뒤 대형마트, 커피숍 건너 커피숍 등이 서로 경쟁을 한다. 동종 업계의 가게들이 일정한 거리를 두고서 경쟁을 하고 있다. 사용자이자 노동자이며 프티부르주아라는 아름답지만 슬픈 이름을 가진 자영업 사장들은 한정된 소비자를 자기의 가게로 끌어들이려고 전쟁 같은 사업을 하며 살고 있다. 그러나 그들은 한자리에 모여서 협력을 하기도 한다. 토종꿀벌들이 거대한 말벌을 에워싸서 방어를 하듯 자영업자들이 합력해서 대형마트, 프랜차이즈 등에 대적을 한다.

자리는 한곳에서 오랜 삶을 유지한다. 시골 마을 어귀에 자리 잡은 늙은 동수(洞樹)는 마을사람들에게 넓은 그늘을 만들어 준다. 마을사람들은 그 나무 그늘 아래 정자를 지어서 쉼을 얻는다. 동수는 수백 년 동안 마을 어귀에 자리를 잡고서 오늘도 마을을 지키고 있다. 마을 역사의 산증인이자 지킴이인 것이다. 그리고 동수는 수백 년 동안 그랬듯이 여름날의 더위를 나이테에 꾹꾹 기억하고서 오늘도 그 자리에 서 있다.

자리는 생명을 잉태하는 곳이다. 논에 모내기를 하기 전에 미리 벼를 기르는 못자리와 사람의 생명을 이어 가는 태자리가 그 대표적인 사례이다. 새로운 생명을 낳는 자리는 생명에 생명을 잇대어 살아가게 하는 힘의 원천이다. 삶에 에너지를 주는 또 하나의 자리로는 고향이 있다. 고향은 우리를 성장시켜 준 원형질의 자리이다. 이런 자리는 그냥 좋다. 개인의 성장을 돕고 추억을 만들어 주고 유년의 기억을 폐부에 넣어 준 곳이기에 그렇다. 고향은 저마다의 의미를 부여하고 부여받은 곳이다. 그래서 고향은 자신의 기억과 상관없이 모두 소중하고 아름답다.

수구초심을 가진 자리를 타의에 의해서 버리고 해외에서 새로운 자리를 찾는 사람도 있다. 그들은 난민(難民)이다. 지금 제주도에는 내전을 피해서 자기 나라의 자리를 박차고 온 예멘의 난민들이 있다. 제주도의 난민으로 우리 사회에서도 갈등이 일고 있다. 우리 사회는 '나는 대한민국 국민입니다. 국민이 먼저입니다'라고 주장하면서 이슬람교를 믿는 예멘의 난민을 '우리'와 '그들'로 구별을 하고 있다. 즉, 국민이라는 자리로 일정한 선을 긋고 선 밖으로 난민을 밀어내고 있다.

자리는 경계를 짓는다. 또한 자리가 만들어 준 경계를 중심으로, 우리는 자신의 정체성을 확대재생산한다. 자리는 차별성을 강화함으로써 다른 자리와의 다름을 굳건히 해서 경계를 공고히 한다. 그리고 자리는 경계를 가지고 있어서 다른 자리가 존재할 수 있도록 배려해 주기도 한다. 경계를 지어서 서로 선을 넘지 않는다. 글로벌 사회라는 이름으로 경계없음을 주장하기도 한다. 자유와 경쟁이라는 이름으로 다른 자리의 경계를 넘나드는 무례를 서슴지 않고 범하기도 한다. 자리와 또 다른 자리가 공존하고 공생할 수 있기를 소망한다. 자리는 홀로 존재할 수 없는 존재이기에 상호 네트워크를 형성해야 한다. 네가 있어 내가 있다는 평범한 아프리카의 우분투 정신이 자리에도 적용된다.

* * *

우리는 삶을 살아가는 곳곳에서 자리를 경험한다. 자리는 알게 모르게 우리의 삶과 함께하고 있다. 자리의 진정한 가치를 알기 위해서는 날마다 경험하는 자리를 낯설게 바라보고, 우리 안에 실존하는 낯선 자리를 친숙하게 경험할 필요가 있다. 나의 일상에서 만나는 자리를 보다 잘 살펴보는 지혜는 지금 내가 서 있는 자리에서 잠시 비켜서서 나의 자리를 돌아보는 것이다. 그 방편으로 지금 가방을 메고 어디론가 여행을 떠나면 어떨까?

• 참고문헌 •

고은명, 2002, 『후박나무 우리 집』, 창작과비평사.

공지영, 2013, 『즐거운 우리집』, 폴라북스.

김동욱, 2003, 『생태학적 상상력』, 나무심는 사람.

김지룡·정준욱·갈릴레오 SNC, 2011, 『데스노트에 이름을 쓰면 살인죄일까?』, 애플북스.

레이첼 카슨, 김은령 역, 2003, 『침묵의 봄』, 에코리브르.

레이첼 페인 외, 이원호·안영진 역, 2008, 『사회지리학의 이해』, 푸른길.

미셸 푸코, 오생근 역, 2010, 『감시와 처벌: 감옥의 역사』, 나남.

미셸 푸코, 이상길 역, 2014, 『헤테로토피아』, 문학과지성사.

박순용, 2015, 「난민문제를 통해서 본 세계시민교육의 과제에 대한 고찰」, 『국제이해교육연구』, 10(2), 77–99.

박중엽·이보나·천용길, 2014, 『삼평리에 평화를: 송전탑과 맞짱뜨는 할매들 이야기』, 한티재.

박진훈, 2016, 「고려시대 관인층의 빈소 설치 장소와 그 변화상」, 『한국사학보』 62, 7–38.

비스비와 쉼보르스카, 최성은 역, 2016, 『충분하다』, 문학과지성사.

셀마 라게를뢰프, 이야기샘, 2007, 『닐스의 신기한 여행』, 한국삐아제.

이은애, 2016, 「히브리 성서에서의 죽음과 장례: 존재와 관계에 대한 기억」, 『구약논단』, 22(2), 132–165.

이이, 이민수 역, 2014, 『격몽요결』, 을유문화사.

이중환, 이익성 역, 1982, 『택리지』, 을유문화사.

전종한·서민철·장의선·박승규, 2005, 『인문지리학의 시선』, 논형.

정호승, 2017, 『나는 희망을 거절한다』, 창비.

존 앤더슨, 이영민·이종희 역, 2013, 『문화·장소·흔적: 문화지리로 세상 읽기』, 한울.

질 밸런타인, 박경환 역, 2014, 『공간에 비친 사회, 사회를 읽는 공간』, 한울.
최창조, 2009, 『최창조의 새로운 풍수이론』, 민음사.
팀 크레스웰, 심승희 역, 2012, 『장소』, 시그마프레스.
하종오, 2006, 『지옥처럼 낯선』, 랜덤하우스.
황인숙, 1988, 『새는 하늘을 자유롭게 풀어놓고』, 문학과지성사.

Anderson, A., 2004, "Issues of migration", In Hamilton, Richard J. and Dennis Moore, eds., *Educational Interventions for Refugee Children*, Routledge Falmer, pp.64–82.
Leopold, A., 1987, *A Sand Country Almanac and Sketches Here and There*, Oxford University Press.
Neihardt, J. G., 1932, *Black elk speaks*, University of Nebraska.

경향신문, 2015년 7월 18일, "앱으로 짜장면 시키신 분".
서울신문, 2013년 9월 7일, "[커버스토리] 의전, 소리 없는 전쟁".
스포츠경향, 2016년 8월 7일, "[리우올림픽] 환호, 그리고 야유…리우올림픽 개막식 체험기".
중앙선데이, 2016년 11월 6일, "800m 간격 테헤란로 걷기 싫어지는 까닭".
중앙일보, 2017년 2월 24일, "편의점부터 햄버거 매장 · 커피 전문점이 포켓몬고 성지된다".
중앙일보, 2017년 4월 10일, "급속히 식은 '포켓몬GO' 열풍, 왜?".
중앙일보, 2017년 6월 19일, "'오렌지족 메카'였던 압구정동, 지금은 10곳 중 3곳 빈 가게".
크리스찬 투데이, 2015년 3월 4일, "[권혁승 칼럼] '집'(바이트)이란 어떤 곳인가?".
한겨레신문, 2015년 11월 16일, "풍경, 그 안에 쓰라린 기억이…".
한겨레신문, 2015년 12월 2일, "대법 판결도 뭉개는 한전의 '만능 권리'".
한겨레신문, 2016년 7월 24일, "포켓몬고 열풍의 키워드".
한겨레신문, 2016년 8월 8일, "[김지석칼럼] '사드 재앙'을 피하려면".
한겨레신문, 2016년 12월 1일, "지금 한국, 힙합이 접수".
한국일보, 2015년 7월 17일, "식당서도, TV서도, 칼럼서도 핫이슈… 집밥이 뭐길래".

자리의 지리학

초판 1쇄 발행 2018년 10월 5일

지은이 이경한

펴낸이 김선기
펴낸곳 (주)푸른길
출판등록 1996년 4월 12일 제16-1292호
주소 (08377) 서울시 구로구 디지털로 33길 48 대륭포스트타워 7차 1008호
전화 02-523-2907, 6942-9570~2
팩스 02-523-2951
이메일 purungilbook@naver.com
홈페이지 www.purungil.co.kr

ISBN 978-89-6291-468-9 03980

• 이 도서의 국립중앙도서관 출판예정도서목록(CIP)은 서지정보유통지원시스템 홈페이지(http://seoji.nl.go.kr)와 국가자료공동목록시스템(http://www.nl.go.kr/kolisnet)에서 이용하실 수 있습니다.(CIP제어번호: CIP2018030388)